高等院校电工电子技术类课程
“十二五”规划教材

电工与电子技术实验

主　编　吴新开
副主编　唐东峰　陈　婷
参　编　邱政权　张　萍

图书在版编目(CIP)数据

电工与电子技术实验／吴新开主编. —长沙：中南大学出版社，2013.3(2022.7 重印)

ISBN 978-7-5487-0824-7

Ⅰ.①电… Ⅱ.①吴… Ⅲ.①电工技术—实验—高等学校—教材②电子技术—实验—高等学校—教材 Ⅳ.①TM—33②TN—33

中国版本图书馆 CIP 数据核字(2013)第 038757 号

电工与电子技术实验

主编　吴新开

□责任编辑　邓立荣
□责任印制　唐　曦
□出版发行　中南大学出版社
　　社址：长沙市麓山南路　　邮编：410083
　　发行科电话：0731-88876770　　传真：0731-88710482
□印　　装　长沙印通印刷有限公司

□开　　本　787 mm×1092 mm　1/16　□印张 12.75　□字数 309 千字
□版　　次　2013 年 3 月第 1 版　□印次 2022 年 7 月第 10 次印刷
□书　　号　ISBN 978-7-5487-0824-7
□定　　价　32.00 元

高等院校电工电子技术类课程
“十二五”规划教材编委会

总 序

随着我国科学技术不断地发展、完善，以及教育体系不断地更新，社会用人单位对高校人才培养模式提出了更高更新的要求，复合型、创新型、实用型人才日益受到用人单位的青睐。这种发展趋势必将会使高校的人才培养模式面临着新的挑战，这就意味着如何提高高等学校毕业生的实际工作能力显得尤为重要。诚然，除了努力加强实践教学之外，还应着力加强和推进理论教学及其教材的建设与更新，显然，它是提高高等学校教学质量的一个必不可少的重要环节。根据教育部、财政部《关于实施高等学校本科教学质量与教学改革工程的意见》的文件精神，启动“万种新教材建设项目，加强新教材和立体化教材建设”工程，积极组织好教师编写新教材。

鉴于此，中南大学出版社特邀请湖南省及外省部分高等学校从事电工电子技术教学、实验和应用研究的教授、专家和教学第一线的骨干教师、高级实验师组成教材编委会，编写了电工电子技术等系列教材。

本系列教材的主要特点为：

1. 充分吸取了教学改革、课程设置与教材建设等方面的经验成果，在内容的选材上(如例题和习题)力求理论紧密联系实际、注重实用技术的讲解和实用技能的训练。同时也能较好地反映出电子电气信息领域的最新研究成果，体现了电子电气应用领域的新知识、新技术、新工艺与新方法。

2. 根据专业特点，对传统教材的内容进行了精选、整合、优化，以满足理论教学与实验教学的需求。同时，注意到与相关课程内容之间的衔接，从而保证了教学的系统性，有利于理论教学。

3. 编写与电子技术类课程设计相配套的指导性教材，有利于实践性教学。

4. 该系列教材中，基本概念的阐述清晰，层次分明，语言表述做到了通俗易懂，有利于学生自学。

目前，我国高等教育的模式还有赖于日趋完善，教材体系尚未完全建立，教材编写还处于不断探索的阶段，仍需要我国高等学校的广大教师持之以恒、不懈地努力、辛勤地耕耘，编写出更多更好的能满足新形势下教学需要的实用教材。

我相信并殷切地期望该系列教材的出版，不仅会受到广大教师的欢迎，满足教学的需要，而且还将会对我国高等学校的教材建设起到积极的促进作用。最后，预祝《高等院校电工电子技术类课程“十二五”规划教材》出版项目取得成功，为我国高等教育事业和信息产业的蓬勃发展与繁荣昌盛培土施肥。同时，也恳切地希望广大读者、同仁对该系列教材的不足之处提出中肯的意见和有益的建议，以便再版时更正。

谨识

教育部中南地区高等学校电子电气基础课教学研究会理事长
武汉大学电子信息学院　教授/博士生导师

内容简介

本教材基于项目驱动原理，以培养学生实际操作技能、工程综合设计能力和创新研究能力为目标，按照循序渐进、全面开放、自主实验的教学原则，首先介绍了项目驱动的实验教学体系的构成和项目的基本要求，继而从实训性实验、基础性实验出发，培养学生的实际操作技能，然后介绍了综合性实验和设计性实验，最后还系统介绍了电子电路综合设计的方法。所有实验内容都经过了严格的验证，实践证明：该实验教学体系的应用对于培养学生的工程综合设计能力具有重要的作用。该教材特别适用于理工科本科学生系统学习电工电子和微机类课程及相关实践，也可作为应用型高职院校的参考教材。

前　言

电工与电子技术实验是培养学生实际操作技能、工程综合设计能力和创新研究能力的重要课程。通过电工与电子技术实验，使学生系统掌握电工与电子产品的生产、调试工艺；学会电工与电子产品生产过程中所使用的仪器仪表的使用方法；掌握电工与电子产品的原理设计和工艺设计全过程，并能应用所学知识，解决生产与生活中所遇到的各种问题，特别是将电工和电子技术与其他学科相结合、将电工和电子技术渗透与应用在其他学科，以解决其他学科的实际问题。因此，电工与电子技术实验是工科学生十分重要的实践课程，已经受到我国高等院校与生产企业的高度重视。

湖南科技大学电子与电气技术实验教学中心坚持长期的探索研究，以培养学生实际操作技能、工程综合设计能力和创新研究能力为目标，按照循序渐进、自主实验的教学方法与模式，坚持虚拟仿真与实物实验相结合、传统内容与现代实验内容相结合、软件与硬件相结合，构建了基于项目驱动机制的电工与电子技术实验教学体系。要求学生通过实验，完成一个作品的制作与调试，在实验过程中，得到实际操作技能、工程综合设计能力和创新研究能力的培养；要求教师在教学指导过程中，坚持循序渐进、全面开放、自主实验的教学原则，积极探索电子技术实验教学的引导式、启发式、探究式、问题式等教学指导方法，通过全体教师的共同努力，切实培养学生的实际操作技能、工程综合设计能力和创新研究能力。

本书是湖南科技大学电子与电气技术国家级实验教学示范中心长期研究与改革的成果总结。本书的成稿过程较长，2008 年，该中心就推行了基于项目驱动的电工电子实验教学体系，并撰写了基于项目驱动的电工电子实验教学体系的实验指导书，2009 年、2011 年分别进行了两次大的修改，2012 年初步形成了此书初稿。然而，实验教学的改革与研究是一项长期而艰苦的工作，需要各校在使用过程中不断向我们反馈意见，使我们能够继续对本教材进行完善与修改；在本教材的使用过程中，还特别强调实验教学的开放式教学模式，只有通过开放式教学，才能真正解决学生的能力与技能的培养问题，也才能补充项目以外的技能训练。所以本教材的使用将对各校实验教学的开放式教学模式的推行起到引导作用。

本教材是湖南科技大学电子与电气技术国家级实验教学示范中心集体智慧的结晶，所有的实验内容都经过了严格的验证，在成书时，吴新开教授编写了第 1 章、第 2 章和第 7 章，唐东峰副教授、刘晓莉高级工程师、何早红高级工程师、齐涤非高级工程师、陈婷讲师、张萍讲师等人根据自己所承担的课程教学内容编写了相关的内容，最后由陈婷讲师负责收集，归类成相关的章节，卜志东、刘良斌、谢聪等研究生负责了本书的校对与图表的绘制，在此一并致谢。

编　者

2013 年 1 月 10 日

目　录

参考项目要求

电工与电子技术课程包括非电类专业《电工学》、机电类专业《电路理论》、《模拟电子技术》、《数字电路与逻辑设计》等课程。学生可根据自己所学的学科专业，结合自己的兴趣，组成研究团队(每队学生人数一般为2人)，自主选择课题项目或本章所拟出的一些项目，完成相关的实验和作品。

现将各课程(含电工学课程的项目模块)所拟出的参考项目列出，希望同学们在学习本课程时，能够结合自己的学科背景选择相应的项目。

1.1　电路理论部分

序号	项目名称	具体要求
1	线性动态网络响应的研究	1. 研究 *RC*(一阶)电路的过渡过程，测定时间常数； 2. 研究 *RC* 微分电路与积分电路； 3. 研究 *RLC*(二阶)串联电路的过渡过程，分析电路参数过渡过程不同状态影响，测量电路的固有频率。
2	延时熄灯拉线开关电路	1. 在关灯时拉一下开关，灯光亮度减小，延迟一段时间熄灭； 2. 开关电路最大负载为100 W； 3. 延迟时间为1 min。
3	正弦稳态电路相量的研究	1. 自拟实验方案，要求通过实验的方法得出荧光灯电能阻抗的性质； 2. 用三表法测出元件电路参数； 3. 荧光灯电路功率因素测量。
4	动态实验电路的设计	1. 设计一个一阶 *RC* 串联电路； 2. 要求电容电压的充电上升时间($0u_S \sim 0.9u_S$)为0.01 s，放电下降时间($1u_S \sim 0.1u_S$)为0.015 s； 3. 进行误差分析。
5	受控源电路的设计	1. 要求自选运算放大器，设计四种受控源电路； 2. 根据实验数据，判断相应转移函数或负载曲线设计电路是否满足要求。
6	*RC* 正弦波振荡器实验	1. 进一步掌握模拟运算电路线性运用时的基本方法； 2. 进一步熟悉几种典型的 *RC* 选频网络的特性； 3. 熟练掌握 *RC* 正弦波振荡器电路的组成及振荡条件； 4. 掌握 *RC* 正弦波发生器的设计和实际调试方法； 5. 学习应用集成运算放大器构成其他形式的信号发生器。

续表

序号	项目名称	具体要求
7	运算放大器电路的应用与设计	1. 按要求设计出电气原理图，并说明设计电路中电阻值选择的理由； 2. 定性观察随着设计电路中电阻的改变，输出电压和输入电压的比值变化，并说明原因。
8	用运算放大器组成万用电表的设计与调试	1. 直流电压表：满量程 +6 V； 2. 直流电流表：满量程 10 mA； 3. 交流电压表：满量程 6 V，50 Hz ~ 1 kHz； 4. 交流电流表：满量程 10 mA； 5. 欧姆表：满量程分别为 1 kΩ，10 kΩ，100 kΩ。
9	网络阻抗测试仪	设计并制作一个网络阻抗测试仪，用于测量一端口无源网络的阻抗特性。频率在 1 kHz ~ 100 kHz 范围内时，网络的阻抗模在 100 Ω ~ 10 kΩ 范围内，阻抗角 φ 在 ±90°范围内。要求：(1) 测量一端口网络阻抗的模 $\|Z\|$，测量误差的绝对值小于理论计算值的 5%；(2) 测量一端口网络阻抗的阻抗角 φ，测量误差的绝对值小于理论计算值的 5%；(3) 为提高测量精度，应能够设置测量量程。

1.2 模拟电子技术部分

序号	项目名称	具体要求
1	波形发生器	1. 输出电压：$U_{O1P-P} \leqslant 24$ V（方波），$U_{O2P-P} = 8$ V（三角波）； 2. 输出频率：10 ~ 100 Hz，100 Hz ~ 1 kHz； 3. 波形特性：方波 $t_r < 100$ μs，三角波 $\gamma_\Delta < 2\%$。
2	多功能有源滤波电路	1. 设计一个可以同时获得高通、低通和带通三种滤波特性的滤波器； 2. 高通和低通滤波器的截止频率为 10 kHz，通带增益为 1，品质因素 Q 为 2/3； 3. 带通滤波器的中心频率为 10 kHz，通带增益为 1，品质因素 Q 为 1.5； 4. 设计电路所需要的电源电路。
3	电压 – 频率转换电路	1. 设计一个将直流电压转换成给定频率的矩形波，包括：积分器、电压比较器； 2. 输入为直流电压 0 ~ 10 V； 3. 输出为 $f = 0 \sim 500$ Hz 的矩形波。
4	语音滤波器	1. 截止频率 $f_L = 300$ Hz，$f_H = 3$ kHz； 2. 增益 $A_v = 10$； 3. 阻带衰减速率大于等于 40 dB/10 倍频程； 4. 调整并记录滤波器的性能参数及幅频特性。
5	家用电器过压保护器	1. 动作电压 240 V； 2. 断电动作时间 0.5 s； 3. 送电恢复时间 120 s。
6	互补对称式 OTL 电路	1. 采用全部或部分分立元件电路设计一种 OTL 音频功率放大器； 2. 额定输出功率 $P_o \geqslant 10$ W； 3. 负载阻抗 $R_L = 8$ Ω； 4. 失真度 $\gamma \leqslant 3\%$。

续表

序号	项目名称	具体要求
7	无触点 自动充电器	设计一个电瓶(电压为12 V)自动充电电路，当电瓶电量不足时，电路以大电流对电瓶充电，当电充足后仍以几十毫安的小电流对电瓶充电，以消除电瓶的自放电影响。
8	语音放大器	1. 话筒放大器：输入信号 $U_i \leqslant 10$ mV，输入阻抗 $R_i \geqslant 100$ kΩ，共模抑制比 KCMR $\geqslant 60$ dB； 2. 语音滤波器(带通滤波器)：带通频率范围 300 Hz ~ 3 kHz； 3. 功率放大器：额定输出功率 $P_{om} \leqslant 1$ W，负载阻抗 $R_L = 16$ Ω，电源电压 10 V，频率响应 40 Hz ~ 10 kHz。
9	温度报警器 检测电路	1. 将被测温度(0 ~ 100℃)转换成与之相对应的直流电压值； 2. 用发光二极管作为报警元件； 3. 当温度在 10 ~ 30℃ 范围内时，报警器不发光，超过这个范围则报警器发光； 4. 采用箔电阻($R = 100$ Ω，$I \leqslant 35$ mA)、精密电阻及电位器组成的测量电桥作为温度传感器； 5. 可用 +15 V 直流稳压电源提供电压。
10	功率放大器 比较实验	1. 通过甲类、乙类和甲乙类功率放大电路进行测试与分析，掌握甲类、乙类和甲乙类功率放大电路的性能指标(特别是效率和失真指标)；了解静态工作点对功率放大器性能指标的影响； 2. 掌握功率放大器性能指标的测试方法； 3. 掌握功率放大电路的大信号分析方法； 4. 可以选用不同的实验手段(既可以通过 EWB 仿真实验，也可通过实物实验)。
11	自动增益 控制放大器	用运算放大器设计一个电压放大电路，其输入阻抗不小于 100 kΩ，输出阻抗不大于 1 kΩ，并能够根据输入信号幅值切换调整增益。

1.3　数字电路与逻辑设计部分

序号	项 目 名 称	具 体 要 求
1	多路智力抢答器	1. 熟悉 3 - 8 译码器和触发器的工作原理及特点； 2. 学习抢答器的设计方法。
2	音乐彩灯控制器	设计一种组合式彩灯控制电路，该电路由三路不同控制方法的彩灯组成，采用不同颜色的发光二极管来做实验： 1. 第一路为音乐节奏控制彩灯，按音乐节拍变换彩灯花样。 2. 第二路按音量的强弱(信号幅度大小)控制彩灯。强音时，灯的亮度加强，且灯被点亮的数目增多。 3. 第三路按音调高低(信号频率高低)控制彩灯。低音时，某一部分灯点亮；高音时，另一部分灯点亮。
3	交通灯自动 切换控制电路	1. 巩固数字逻辑电路的理论知识； 2. 学习将数字逻辑电路用于生活实践； 3. 提高学习兴趣。

续表

序号	项目名称	具体要求
4	模拟汽车尾灯控制电路	1. 灵活运用数字逻辑电路的理论解决问题； 2. 提高学习兴趣。
5	简易数字钟	1. 掌握数字钟的逻辑结构及工作原理； 2. 掌握报时的原理； 3. 巩固数字逻辑理论知识，学会灵活运用。
6	电子秒表	1. 根据给出的要求设计系统原理图，列出元件清单和实验步骤； 2. 先用 EWB 做仿真实验，后用实物独立组装、调试电子秒表电路，对调试过程中遇到的问题，找出原因及解决方法； 3. 总结本次实验的收获和体会。
7	篮球竞赛30 s 计时器	1. 篮球竞赛计时器电路可显示 2 位数，计时范围为 30 ~ 0 s（倒计时），精度为 1 s； 2. 控制方法是用一个开关控制 2 种状态，即计数、停止两种状态； 3. 当计时器计数到零时启动报警电路报警。
8	拔河游戏机	1. 熟悉计数器的工作原理及特点； 2. 学习设计可逆计数器的方法； 3. 掌握系统设计方法，灵活运用所学知识构建电路。
9	心率测试仪的设计	1. 心率测试仪能够显示 1 min 跳动的次数，并且每分钟刷新一次； 2. 当跳动次数大于 150 或者小于 60 时，心率测试仪能够报警。
10	温度的测量和控制	设计并制作能在 30 ~ 80℃ 范围内实现温度测量和控制的电路系统。系统中采用 20 Ω/30 W 的空心瓷管电阻作为电热元件，用直流稳压电源（30 V/2A）作为供电电源，用 PT100 作为温度传感器。要求：（1）设计一个温度测量电路，其输出电压能随电热元件温度的变化而变化；记录温度在 30 ~ 80℃ 范围内每变化 5℃ 对应的模拟电压值；（2）以数字方式显示温度值；（3）先将电热元件温度稳定地控制在 40℃；然后快速升温至 60℃，并将温度稳定地控制在 60℃；分别用 LED 指示灯指示升温中、温度达到 40℃ 和温度达到 60℃。

1.4 数字电路与微机原理模块

序号	项目名称	具体要求
1	响铃程序	从键盘接收输入字符，如是数字 N，则响铃 N 次，如不是数字或数字是 0，则不响铃，置出错标志。
2	接收年、月、日信息显示	显示输入提示信息并响铃一次，然后接收键盘输入的月/日/年信息，并显示。若输入月份日期不对，则显示错误提示并要求重新输入。
3	学生成绩名次表实验	根据提示将 0 ~ 100 之间的 10 个成绩存入首址为 1000H 的单元，1000H + i 表示学号为 i 的学生成绩，编写程序能在 2000H 开始的区域排出名次表，2000H + i 为学号 i 的学生的名次，并将其显示在屏幕上。

续表

序号	项目名称	具体要求
4	设置光标的实验	设置不同的光标形状、起始行的位置。
5	清除窗口的实验	清除左上角为(WLUX，WLUY)，右下角为(WRDX，WRDY)的窗口，并将其初始化为反相显示。(具体属性请参考DOS中断大全)
6	计算N！的实验	编写计算N！的程序。数值N由键盘输入，结果在屏幕上输出，N的范围为0~65535，即刚好能被一个16位寄存器容纳。
7	多路智力抢答器	1. 熟悉3－8译码器和触发器的工作原理及特点； 2. 学习抢答器的设计方法。
8	交通灯自动切换控制电路	1. 巩固数字逻辑电路的理论知识。 2. 学习将数字逻辑电路用于生活实践。 3. 提高学习兴趣。
9	模拟汽车尾灯控制电路	1. 灵活运用数字逻辑电路的理论解决问题； 2. 提高学习兴趣。
10	简易数字钟	1. 掌握数字钟的逻辑结构及工作原理； 2. 掌握报时的原理； 3. 巩固数字逻辑理论知识，学会灵活运用。

1.5　电路与模拟电路模块

序号	项目名称	具体要求
1	波形发生器	1. 输出电压：$U_{O1P-P} \leq 24$ V(方波)，$U_{O2P-P} = 8$ V(三角波)； 2. 输出频率：10~100 Hz，100 Hz~1 kHz； 3. 波形特性：方波 $t_r < 100$ μs，三角波 $\gamma_\Delta < 2\%$。
2	多功能有源滤波电路	1. 设计一个可同时获得高通、低通和带通三种滤波特性的滤波器； 2. 高通和低通滤波器的截止频率为10 kHz，通带增益为1，品质因素Q为2/3； 3. 带通滤波器的中心频率为10 kHz，通带增益为1，品质因素Q为1.5； 4. 设计电路所需要的电源电路。
3	电压－频率转换电路	1. 设计一个将直流电压转换成给定频率的矩形波，包括：积分器、电压比较器； 2. 输入为直流电压0~10 V； 3. 输出为 $f=0\sim500$ Hz的矩形波。
4	语音滤波器	1. 截止频率 $f_L = 300$ Hz，$f_H = 3$ kHz； 2. 增益 $A_v = 10$； 3. 阻带衰减速率大于等于40 dB/10倍频程； 4. 调整并记录滤波器的性能参数及幅频特性。
5	家用电器过压保护器	1. 动作电压240 V； 2. 断电动作时间0.5 s； 3. 送电恢复时间120 s。
6	互补对称式OTL电路	1. 采用全部或部分分立元件电路设计一种OTL音频功率放大器； 2. 额定输出功率 $P_o \geq 10$ W； 3. 负载阻抗 $R_L = 8\ \Omega$； 4. 失真度 $\gamma \leq 3\%$。

续表

序号	项目名称	具体要求
7	无触点自动充电器	设计一个电瓶(电压为 12 V)自动充电电路，当电瓶电量不足时，电路以大电流对电瓶充电，当电充足后仍以几十毫安的小电流对电瓶充电，以消除电瓶的自放电影响。
8	语音放大器	1. 话筒放大器：输入信号 $U_i \leqslant 10$ mV，输入阻抗 $R_i \geqslant 100$ k，共模抑制比 KCMR $\geqslant 60$ dB； 2. 语音滤波器(带通滤波器)：带通频率范围 300 Hz ~ 3 kHz； 3. 功率放大器：额定输出功率 $P_{om} \leqslant 1$ W，负载阻抗 $R_L = 16\ \Omega$，电源电压 10 V，频率响应 40 Hz ~ 10 kHz。
9	温度报警器检测电路	1. 将被测温度(0 ~ 100℃)转换成与之相对应的直流电压值； 2. 用发光二极管作为报警文件； 3. 当温度在 10 ~ 30℃范围内时，报警器不发光，超过这个范围则报警器发光； 4. 采用箔电阻($R = 100\ \Omega$，$I \leqslant 35$ mA)、精密电阻及电位器组成的测量电桥作为温度传感器； 5. 可用 +15 V 直流稳压电源供电压。
10	功率放大器比较实验	1. 明确本实验的具体要求是：通过甲类、乙类和甲乙类功率放大电路进行测试与分析，掌握甲类、乙类和甲乙类功率放大电路的性能指标(特别是效率和失真指标)；了解静态工作点对功率放大器性能指标的影响； 2. 掌握功率放大器性能指标的测试方法； 3. 掌握功率放大电路的大信号分析方法； 4. 可以选用不同的实验手段(既可通过 EWB 仿真实验，也可通过实物实验)。

1.6 电工技术模块

序号	项目名称	具体要求
1	两灯循环控制电路的设计安装	1. 按要求设计出电气原理图； 2. 要求学生自己设计参数整定值，并由学生自行调整参数。
2	电机两地控制电路的设计	1. 按要求设计出电气原理图； 2. 要求学生自己设计参数整定值，并由学生自行调整参数。
3	两台电机联动联锁运料小车示意图	1. 按要求设计出电气原理图； 2. 要求学生自己设计参数整定值，并由学生自行调整参数。
4	运料小车控制电路的设计	1. 按要求设计出电气原理图； 2. 要求学生自己设计参数整定值，并由学生自行调整参数。
5	工作台循环工作控制电路设计	1. 按要求设计出电气原理图； 2. 要求学生自己设计参数整定值，并由学生自行调整参数。
6	三相电动机能耗制动控制	三相电动机直接起动控制。停止时，对电动机定子绕组通入直流电，对电动机进行能耗制动。设计三相电动机能耗制动控制电路图，并实际连接控制电路，完成能耗制动控制。三相电动机类型、功率、参数、工作模式等自行设定。元器件选择应保证直流电流、电压大小与电动机相匹配。

第2章　项目驱动机制的实验内容体系

在学生选定了自己的项目后，应明确自己应该在本课程中完成哪些实验内容。一般来说，应该根据自己所选择的项目，开设相关的实验内容。根据电工电子技术实验课程的基本要求，实训性实验、基础性实验内容是必须完成的内容，且要求课程指导教师以班级为单位，组织集中实验；综合性、设计性和研究性实验内容，均按照学生所选择的项目，自主完成相关的实验内容。因此，教师和学生应对电工电子技术实验的全部内容有所了解，才能构建出适应自己项目的实验内容体系。

2.1　实验内容的基本要求

实验类型	序号	实验名称	基本要求	学时	实验室名称
实训性实验	1	常用电子仪器仪表的使用	掌握数字存储示波器、信号发生器、直流稳压电源、数字万用表的工作原理、基本结构和使用方法。	2	电路理论、模电室
	2	印制电路板制作与锡焊工艺	掌握印制电路板的制作工艺和手工锡焊技术。	2	印制电路板制作室
	3	TTL集成电路的功能测试	掌握集成电路的逻辑功能测试方法，学会使用指示灯法判断逻辑功能。	2	电子工艺室
	4	常用低压电器的认识与安装	掌握交流接触器、主令开关按钮、时间继电器、热继电器的结构与应用。	2	电工技术室
基础实验	5	受控源特性测试	熟悉四种受控电源的基本特性；掌握受控源转移参数的测试方法；了解受控源在电路中的应用。	2	电路理论室
	6	线性有源－端口网络	加深对戴维南定理的理解并验证其正确性；学习线性有源－端口网络等效电路参数的测量方法；了解最大输出功率的传递条件。	2	电路理论室
	7	三相星形联接电路	测定三相对称的电源的相序；研究三相负载作星形联接时，在对称和不对称情况下线电压和相电压的关系。	2	电路理论室
	8	晶体管共射极单管放大电路	掌握晶体管的共射极放大电路的工作原理。	2	模拟电路室

续表

实验类型	序号	实验名称	基本要求	学时	实验室名称
基础实验	9	两级阻容耦合放大电路	学习两级阻容耦合放大电路静态工作点的调整方法；两级阻容耦合放大电路电压放大倍数的测量；放大电路频率特性的测定方法。	2	模拟电路室
	10	负反馈放大电路	熟悉负反馈放大电路性能指标的测试方法。通过实验加深理解负反馈对放大电路性能的影响。	2	模拟电路室
	11	组合逻辑电路的设计	掌握组合逻辑电路设计的方法与步骤。	2	数字电路室
	12	触发器应用实验	掌握基本 RS、集成 D、JK 触发器的逻辑功能与应用。	2	数字电路室
	13	555 时基电路及应用	掌握 555 定时器的电路结构、工作原理及特点、基本应用，学会脉冲参数的测试方法。	2	数字电路室
	14	电动机启动控制实验	学习电动机的启动控制电路的连接。	2	数字电路室
	15	8255 输出实验	学习在单板方式下扩展简单 I/O 接口的方法；学习编制数据输出程序的设计方法。	2	微机原理室
	16	8253 定时/计数器实验	了解 8253 定时器的硬件连接方法及时序关系；掌握 8253 的各种模式的编程及其原理，用示波器观察信号之间的时序关系。	2	微机原理室
	17	日光灯电路的功率因数提高	学习日光灯电路的工作原理及功率因数提高的方法。	2	电路实验室
综合性实验	18	基尔霍夫定律和叠加原理实验	了解实验室的电源，学会万用表的使用方法；用实验的方法验证基尔霍夫定律和叠加原理的正确性，加深对参考方向的理解。	2(4)	电路理论室
	19	交流参数的测定	学习测定交流电路参数的方法，加深理解 R、L、C 在交流电路中的作用；学习交流电压表、交流电流表及功率表的使用方法。	2(4)	电路理论室
	20	一阶电路瞬态响应	用示波器观察和分析电路的响应；研究 *RC* 电路在零输入和方波脉冲激励情况下，响应的基本规律和特点。	2(4)	电路理论室
	21	多级放大器的耦合比较实验	比较变压器耦合、直接耦合和阻容耦合放大器的特点。	2(4)	模拟电路室
	22	集成运算放大器的基本运算电路	掌握由运算放大器组成的比例、加法和减法等基本运算电路的原理；熟悉运算放大电路的基本特点和性能；了解运算放大器在实际应用时应考虑的一些问题。	2(4)	模拟电路室
	23	比较器、方波－三角波发生器	学习、验证用集成运算放大器组成的比较器和方波－三角波发生器；学习信号发生器的调整和主要性能指标的测试方法。	2(4)	模拟电路室

续表

实验类型	序号	实验名称	基本要求	学时	实验室名称
综合性实验	24	整流、滤波和稳压电路	掌握直流稳压电源的设计方法和调试方法。	2(4)	模拟电路室
	25	函数信号发生器	了解单片多功能集成电路函数信号发生器的功能及特点；进一步掌握波形参数的测试方法。	2(4)	模拟电路室
	26	压控振荡器	掌握运算放大器的综合运用；学习电压/频率转换(V/F)电路；学习电路参数的调整方法。	2(4)	模拟电路室
	27	简单电子振荡器的设计	认识电阻、电容、发光二极管、三极管、开关喇叭等基本元件，学会使用万用表测量上述元件的方法；认识电路原理图，学会按照原理图进行电路焊接、组装、调试等过程；学会使用实验室电源和电子示波器；认识电容充放电时间和电阻阻值、电容容量的定性关系。	2(4)	模拟电路室
	28	有源滤波器实验	掌握低通、高通和带通、带阻滤波器的基本特性及其频宽的意义；明确有源滤波器的基本推导方法；熟悉用运放、电阻和电容组成的有源滤波器电路；掌握测量有源滤波器的幅频特性的基本方法。	2(4)	模拟电路室
	29	计数、译码、驱动显示电路	掌握计数、译码、驱动、显示电路的工作原理与综合系统的设计方法。	2(4)	数字电路室
	30	A/D、D/A 转换电路	掌握双积分式和逼近式 A/D 及 D/A 的设计方法与调试方法。	2(4)	数字电路室
	31	变压器极性的测定	判定变压器各线圈的同名端，以便正确联接各线圈，从而得到所需的各种电压。	2(4)	电工技术室
	32	8259A 硬件中断实验	了解 8259A 中断控制器的工作原理和 PC 机中断的原理和过程，并学会中断处理程序的编写。	2(4)	微机原理室
	33	串并转换实验	掌握 8251 芯片结构和编程，了解串行通信的硬环境、数据格式的协议、数据交换的协议和 PC 机通信的基本要求。	2(4)	微机原理室
	34	8251 可编程串行口与 PC 机通信实验	掌握 8251 芯片结构和编程，单片机通信的编制；了解实现串行通信的硬环境，数据格式的协议，数据交换的协议；了解 PC 机通信的基本要求。	2(4)	微机原理室
	35	电机的点动、长动及多点控制设计	掌握常用电工仪表、低压电器的选择和使用方法。掌握点动和自锁控制的工作原理。	4	电工技术室

续表

实验类型	序号	实验名称	基本要求	学时	实验室名称
综合性实验	36	三相异步电动机正反转控制电路	了解交流接触器、热继电器和按钮的结构及其在控制电路中的应用；学习异步电动机基本控制电路的连接。	4	电工技术室
	37	A/D 转换实验	编程用查询方式采样电位器输入电压，并将采样到的结果实时地通过 8279 显示在数码管上(只需显示一位即可。用 0 ~ F 表示 0 ~ +5 V 电压)。	4	微机原理室
	38	D/A 转换实验	编写程序，使 D/A 转换模块循环输出三角波和锯齿波。	4	微机原理室
	39	温度控制实验	编制程序，将温度控制在某一设定值。	4	微机原理室
	40	8253 定时/计时器实验	编程将 8253 的定时器 0 设置为方式 3(方波 0)，定时器 1 设置为方式 2(分频)，定时器 2 设置为方式 2(分频)。定时器 0 输出的脉冲作为定时器 1 的时钟输入。定时器 1 的时钟输出作为定时器 2 的输入，定时器 2 的输出接在一个 LED 上，运行后可观察到该 LED 在不停地闪烁。用示波器观察各对应引脚之间的波形关系。	4	微机原理室
设计性实验	41	线性动态网络响应的研究	研究 *RLC* 串联电路的谐振现象；测定 *RLC* 串联电路的不同品质因数下的谐振曲线，即测量不同品质因数下电路的 $I = Y(f)$ 曲线；学习使用音频信号发生器和晶体管毫伏表。	6	电路理论室
	42	延时熄灯拉线开关电路	在关灯时拉一下开关，灯光亮度减小，延迟一段时间熄灭；开关电路最大负载为 100 W；延迟时间为 1 min。	6	电子工艺室
	43	正弦稳态电路相量的研究	自拟实验方案，要求通过实验的方法得出荧光灯电能阻抗的性质；用三表法测出元件电路参数；荧光灯电路功率因素测量。	6	电子工艺室
	44	动态实验电路的设计	设计一个一阶 *RC* 串联电路；要求电容电压的充电上升时间($0u_S \sim 0.9u_S$ 为 0.01 s，放电下降时间($1u_S \sim 0.1u_S$)为 0.015 s；进行误差分析。	6	电路理论室
	45	受控源电路的设计	要求自选运算放大器，设计四种受控源电路；根据实验数据，得到判断相应转移函数或负载曲线设计电路是否满足要求。	6	电子工艺室

续表

实验类型	序号	实验名称	基本要求	学时	实验室名称
设计性实验	46	RC 正弦波振荡器实验	掌握模拟运算电路线性运用时的基本方法；熟悉几种典型的 RC 选频网络的特性；掌握 RC 正弦波振荡器电路的组成及振荡条件；掌握 RC 正弦波发生器的设计和实际调试方法；学习应用集成运算放大器构成其他形式的信号发生器。	6	模拟电路室
	47	运算放大器电路的应用与设计	学会对运算放大器进行设计。	6	电子工艺室
	48	用运算放大器组成万用表的设计与调试	熟悉运算放大器的工作原理和万用电表的测量原理；掌握用运算放大器设计万用表各单元电路的基本方法；明确对单元电路进行综合、进行电子工程整体设计的方法。	6	电子工艺室
	49	波形发生器的设计	掌握集成运算放大器的使用方法；提高工程设计和实践动手的能力，加强电路系统概念和设计方法的训练。	6	电子工艺室
	50	电压 - 频率转换电路	熟悉比较器尤其是迟滞比较器的应用。	6	电子工艺室
	51	语音滤波器	熟悉二阶滤波器的原理及调试。	6	电子工艺室
	52	家用电器过压保护器	学会设计一个家用过电压保护器。	6	电子工艺室
	53	互补对称式 OTL 电路	熟悉 OTL 功放的工作原理，掌握电子产品的制作和调试方法，提高实践动手能力。	6	电子工艺室
	54	无触点自动充电器	了解一种无触点自动充电器的设计。	6	电子工艺室
	55	语音放大器	掌握低频小信号放大电路的工作原理和设计方法。进一步理解集成运算放大器和集成功放的工作原理，掌握有源滤波器和功放电路的设计过程。	6	电子工艺室
	56	温度报警器检测电路	学会温度控制的一种方法。	6	微机原理室
	57	音响式产品分档器的设计	若三极管的 $\beta < 30$，则扬声器不发音；若 $30 \leqslant \beta \leqslant 60$，则扬声器发出间歇式的滴滴声，即驱动扬声器发声的电压波形为两个频率的方波；若三极管的 $\beta > 60$，则扬声器发出连续的声响，即此时驱动扬声器发声的电压波形为 $T = 2$ ms 的连续方波。	6	电子电路产品调试室
	58	99 min 内的定时器的设计	实现以秒的速度进行加计数循环，以分的速度进行减计数循环；实现定时功能：以秒的速度预置定时的时间，然后以分的速度进行计时。例如定时 5 min，先预置到 5 min，然后以分的速度进行减计数 5，4，3，2，1，0。5 min 过后应锁定在 0 的状态；实现报时功能。	6	电子电路产品调试室

续表

实验类型	序号	实验名称	基本要求	学时	实验室名称
设计性实验	59	多路智力抢答题	熟悉 3－8 译码器和 D 触发器的工作原理及特点。	6	电子电路产品调试室
	60	音乐彩灯控制器	音乐声响与彩灯灯光的相互组合，使音乐的旋律伴以亮度、颜色和图案不断变换的灯光，使人的视觉和听觉结合在一起。	6	电子电路产品调试室
	61	交通灯自动切换电路	熟悉计数器和 D 触发器的工作原理及特点。	6	电子工艺室
	62	模拟汽车尾灯	熟悉译码器和 D 触发器的工作原理及特点。	6	电子工艺室
	63	简易数字钟	拓展振荡、计数、译码、显示电路的应用。	6	电子工艺室
	64	电子秒表	拓展振荡、计数、译码、显示电路的应用。	6	电子工艺室
	65	篮球 30 s 计时器	拓展振荡、计数、译码、显示电路的应用。	6	电子工艺室
	66	拔河游戏机	熟悉译码器、可逆计数器的工作原理及特点。	6	电子工艺室
	67	心率测试仪	拓展振荡、计数、译码、显示电路的应用。	6	电子工艺室
	68	两灯循环控制电路的设计、安装及整定	要求设计出电气原理图、元件布置接线图；要求按配电板的机旁按钮进行设计及安装、配线；要求学生自己设计参数整定值，并由学生自行调整参数。	6	电工技术室
	69	电动机两地控制电路的设计	能实现正反转，可两地控制起动和停止；能实现正向点动调整；能实现单方向的行程保护；要有短路和过载保护。	6	电工技术室
	70	两台电机联动联锁控制电路设计	1. 按要求设计出电气原理图； 2. 要求自己设计参数整定值，并由学生自行调整参数。	6	电工技术室
	71	运料小车控制电路的设计	1. 按要求设计出电气原理图。 2. 要求学生自己设计参数整定值，并由学生自行调整参数。	6	电工技术室
	72	工作台循环工作控制电路设计	按要求设计出电气原理；要求学生自己设计参数整定值，并由学生自行调整参数。	6	电工技术室
	73	响铃程序	从键盘接收输入字符，如是数字 N，则响铃 N 次，如不是数字或数字是 0，则不响。	6	微机原理室
	74	接收年、月、日信息显示	显示输入提示信息并响铃一次，然后接收键盘输入的月/日/年信息，并显示。若输入月份日期不对，则显示错误提示并要求重新输入。	6	微机原理室

续表

实验类型	序号	实验名称	基本要求	学时	实验室名称
设计性实验	75	学生成绩名次表实验	根据提示将 0～100 之间的 10 个成绩存入首址为 1000H 的单元，1000H + i 表示学号为 i 的学生成绩，编写程序能在 2000H 开始的区域排出名次表，2000H + i 为学号 i 的学生的名次，并将其显示在屏幕上。	6	微机原理室
	76	设置光标的实验	设置不同的光标形状，起始行的位置。	6	微机原理室
	77	清除窗口的实验	清除左上角为（WLUX，WLUY），右下角为（WRDX，WRDY）的窗口，并将其初始化为反相显示。（具体属性请参考 DOS 中断大全）	6	微机原理室
	78	计算 N！的实验	编写计算 N！的程序。数值 N 由键盘输入，结果在屏幕上输出，N 的范围为 0～65535，即刚好能被一个 16 位寄存器容纳。	6	微机原理室

综合性实验电类专业 2 学时，非电类专业 4 学时。

2.2　根据项目拟订的实验内容体系

课程模块名称	序号	项目名称	实训实验（集中实验）	基础实验（集中实验）	综合实验（分组实验）	设计实验（分组实验）
电路理论	1	线性动态网络响应的研究	3.1	4.1；4.2；4.3	5.1；5.2；5.3	6.1
	2	延时熄灯拉线开关电路设计	3.1	4.1；4.2；4.3	5.1；5.2；5.3	6.2
	3	正弦稳态电路相量的研究	3.1	4.1；4.2；4.3	5.1；5.2；5.3	6.3
	4	动态实验电路的设计	3.1	4.1；4.2；4.3	5.1；5.2；5.3	6.4
	5	受控源电路的设计	3.1	4.1；4.2；4.3	5.1；5.2；5.3	6.5
	6	*RC* 正弦波振荡器实验	3.1	4.1；4.2；4.3	5.1；5.2；5.3	6.6
	7	运算放大器电路的应用与设计	3.1	4.1；4.2；4.3	5.1；5.2；5.3	6.7
	8	用运算放大器组成万用电表的设计与调试	3.1	4.1；4.2；4.3	5.1；5.2；5.3	6.8
	9	网络阻抗测试仪	3.1	4.1；4.2；4.3	5.1；5.2；5.3	6.1

续表

课程模块名称	序号	项目名称	实训实验（集中实验）	基础实验（集中实验）	综合实验（分组实验）	设计实验（分组实验）
模拟电子技术	1	波形发生器	3.2	4.4；4.5；4.6	5.4；5.7；5.11	6.9
	2	多功能有源滤波电路	3.2	4.4；4.5；4.6	5.4；5.7；5.11	6.10
	3	电压－频率转换电路	3.2	4.4；4.5；4.6	5.4；5.7；5.11	6.11
	4	语音滤波器	3.2	4.4；4.5；4.6	5.4；5.7；5.11	6.12
	5	家用电器过压保护器	3.2	4.4；4.5；4.6	5.4；5.7；5.9	6.13
	6	互补对称式 OTL 电路	3.2	4.4；4.5；4.6	5.4；5.7；5.9	6.14
	7	无触点自动充电器	3.2	4.4；4.5；4.6	5.4；5.7；5.9	6.15
	8	语音放大器	3.2	4.4；4.5；4.6	5.4；5.7；5.8	6.16
	9	温度报警器检测电路	3.2	4.4；4.5；4.6	5.6；5.7；5.9	6.17
	10	功率放大器比较实验	3.2	4.4；4.5；4.6	5.6；5.7；5.8	6.18
	11	自动增益控制放大器	3.2	4.4；4.5；4.6	5.5；5.6；5.11	6.7
数字电路与逻辑设计	1	多路智力抢答器	3.3	4.7；4.8；4.9	5.12；5.13	6.19
	2	音乐彩灯控制器	3.3	4.7；4.8；4.9	5.12；5.13	6.20
	3	交通灯自动切换控制电路	3.3	4.7；4.8；4.9	5.12；5.13	6.21
	4	模拟汽车尾灯控制电路	3.3	4.7；4.8；4.9	5.12；5.13	6.22
	5	简易数字钟	3.3	4.7；4.8；4.9	5.12；5.13	6.23
	6	电子秒表	3.3	4.7；4.8；4.9	5.12；5.13	6.24
	7	篮球竞赛 30 s 计时器	3.3	4.7；4.8；4.9	5.12；5.13	6.25
	8	拔河游戏机	3.3	4.7；4.8；4.9	5.12；5.13	6.26
	9	心率测试仪的设计	3.3	4.7；4.8；4.9	5.12；5.13	6.27
	10	温度的测量和控制	3.3	4.7；4.8；4.9	5.12；5.13	6.16
数字电路与微机原理	1	响铃程序	3.3	4.7；4.11；4.12	5.15；5.16；5.17	6.33
	2	接收年、月、日信息显示	3.3	4.7；4.11；4.12	5.15；5.16；5.17	6.34
	3	学生成绩名次表实验	3.3	4.7；4.11；4.12	5.15；5.16；5.17	6.35
	4	设置光标的实验	3.3	4.7；4.11；4.12	5.15；5.16；5.17	6.36
	5	清除窗口的实验	3.3	4.7；4.11；4.12	5.15；5.16；5.17	6.37
	6	计算 N！的实验	3.3	4.7；4.11；4.12	5.15；5.16；5.17	6.38
	7	多路智力抢答器	3.3	4.7；4.8；4.12	5.12；5.13；5.17	6.19
	8	交通灯自动切换控制电路	3.3	4.7；4.8；4.12	5.12；5.13；5.17	6.20
	9	模拟汽车尾灯控制电路	3.3	4.7；4.8；4.12	5.12；5.13；5.17	6.21
	10	简易数字钟	3.3	4.7；4.8；4.12	5.12；5.13；5.17	6.22

续表

课程模块名称	序号	项目名称	实训实验（集中实验）	基础实验（集中实验）	综合实验（分组实验）	设计实验（分组实验）
电路与模拟电路	1	波形发生器	3.1	4.1；4.2；4.4；4.6	5.1；5.6；5.7；5.8	6.9
	2	电压－频率转换电路	3.1	4.1；4.2；4.4；4.6	5.1；5.4；5.7；5.9	6.10
	3	语音滤波器	3.1	4.1；4.2；4.4；4.6	5.1；5.4；5.7；5.11	6.11
	4	家用电器过压保护器	3.1	4.1；4.2；4.4；4.6	5.1；5.4；5.7；5.9	6.12
	5	互补对称式 OTL 电路	3.1	4.1；4.2；4.4；4.6	5.1；5.4；5.7；5.9	6.13
	6	无触点自动充电器	3.1	4.1；4.2；4.4；4.6	5.1；5.4；5.7；5.9	6.14
	7	语音放大器	3.1	4.1；4.2；4.4；4.6	5.1；5.4；5.7；5.11	6.15
	8	温度报警器检测电路	3.1	4.1；4.2；4.4；4.6	5.1；5.4；5.7；5.9	6.16
	9	音响式产品分档器的设计	3.1	4.1；4.2；4.4；4.6	5.1；5.6；5.7；5.9	6.17
	10	99 min 内的定时器的设计	3.1	4.1；4.2；4.4；4.6	5.1；5.6；5.7；5.8	6.18
电工技术	1	两灯循环控制电路的设计安装	3.4	4.10；4.13	5.14；5.18；5.19	6.28
	2	电机两地控制电路的设计	3.4	4.10；4.13	5.14；5.18；5.19	6.29
	3	两台电机联动联锁	3.4	4.10；4.13	5.14；5.18；5.19	6.30
	4	运料小车控制电路的设计	3.4	4.10；4.13	5.14；5.18；5.19	6.31
	5	工作台循环工作控制电路设计	3.4	4.10；4.13	5.14；5.18；5.19	6.32
	6	三相电动机能耗制动控制	3.4	4.10；4.13	5.14；5.18；5.19	6.32

2.3　实验课程的考核

电工与电子技术类实验课程实施独立设课、独立考核、独立学分的考核办法。具体的考核办法与考核标准是：

(1)每个项目小组的成员一般为 2 人，不准超过 3 人。

(2)每个小组成员由学生自由组合，并及时报任课教师备案。组成后，原则上不准变更。

(3)每个小组成员必须完成项目规定的实验，并按要求完成研究性项目。

(4)任课教师必须亲自指导集中实验，对以小组为单位进行的实验要及时给予辅导。

(5)学生必须完成规定的集中实验，才能进行以小组为单位的实验项目和研究项目。

(6)对以小组为单位进行的实验项目和研究项目，学生应当首先到实验室进行预约，预约后才能进入实验室进行实验。

(7)研究项目允许学生在宿舍或实验室独立完成。

(8)规定的实验项目(即实训性、基础性实验)，教师应当结合学生的实际操作技能给予评分，具体评分标准是：预习：20 分；实际操作：50 分；实验报告：30 分。

(9)对综合性、设计性实验，教师应当查阅学生的预习报告和实验数据，根据预习报告和实验数据，对学生的实验报告进行综合评分。

(10)对研究项目，教师应当组织进行答辩，根据作品(含报告)和答辩情况，给予评分。其中作品成绩占60%，答辩成绩占40%。

(11)所有评分结果，优秀、良好、中等、及格和不及格比例控制为：2∶2∶3∶2∶1。

第3章 实训性实验

3.1 常用电子仪器仪表的使用

在电路理论与模拟电子技术实验中，常用的电子仪器仪表主要有双踪示波器、低频信号发生器、低频交流毫伏表、直流稳压电源、万用表等。这些仪器仪表的主要用途以及与实验电路的联系如图3.1所示。

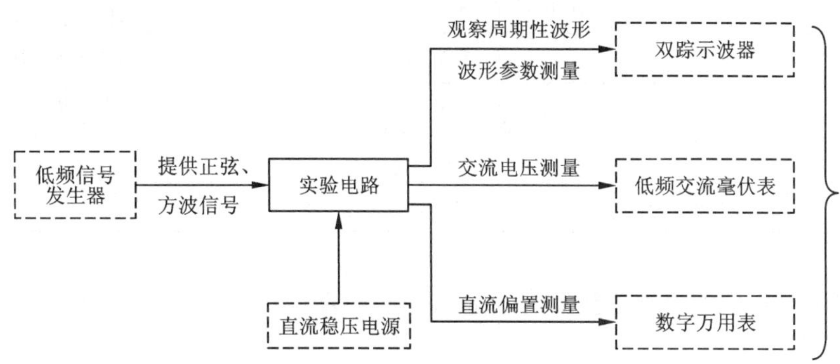

图3.1 常用仪器仪表的用途

3.1.1 实验目的

掌握示波器、函数信号发生器、交流毫伏表的使用及常见电子元件的认识，了解电压表负载效应，为做好电子电路实验打下基础。

3.1.2 概述

电子仪器、仪表的使用练习应舍得花时间，因为直接关系到后续实验结果的正确性及实验顺利与否。这要求学生不仅要温习物理课程中所涉及的示波器显示原理，掌握电子示波器原理、使用方法，还要观看电工与电子技术实验录像片，这样会顺手得多。

3.1.3 实验器材

(1)双踪示波器 1台
(2)函数信号发生器 1台

(3)交流毫伏表　　1台
(4)可调直流稳压电源(0～30 V)　　1只
(5)MF－500或MF－30、MF－47万用表　　1只
(6)色环电阻、三极管、二极管、电容器　　若干

3.1.4 实验内容

1. 交流信号波形观察

(1)把1 kHz、1 V左右的正弦电压信号(从什么仪器获得?)输入给示波器，分别调出几个完整波形。

(2)用毫伏表测量信号发生器正弦电压输出，完成表3.1。

表3.1 用毫伏表测量信号发生器正弦电压输出

信号源					交流毫伏表			
参数	f/Hz	频率范围	波形	输出衰减	测量值	量程	指针式表刻度线	指针式毫伏表要在通电前指针机械零位。其通电后电气零位?（ ）
	50			0 dB	5 V			
	160				5 V			
	400				1 V			
	1000				10 mV			
信号源地线与毫伏表的地线共接吗?（ ）								

(3)示波器使用练习，参考表3.1，完成表3.2内容。

表3.2 示波器使用练习

信号源频率（正弦）	由毫伏表测信号源输出	示波器												
		垂直轴向					水平轴向		触发		探头衰减	计算电压		计算周期及频率
		工作方式	输入通道	耦合方式	V/div（校准）	峰－峰距离格数	T/div（校准）	每周期的格数	触发源	耦合方式		峰－峰值计算	有效值计算	
50 Hz	5 V													
160 Hz	5 V													
400 Hz	1 V													
1 kHz	10 mV													

注意：信号源地线、毫伏表、示波器探头地线共接在一起。

2. 轻松演练

(1)用交流毫伏表测量函数信号发生器的输出电压(f＝100 Hz)，在0 dB时，调节幅度旋钮，测量值为3 V，当幅度旋钮不再旋动，衰减位置分别为20 dB、40 dB、60 dB，把毫伏表指

示值记录下来。

表3.3 用示波器测量直流电压

直流电压(V)	示波器		计算
	V/每格	格数	
20			
12			
5			
1			

(2)用示波器测量直流电压：

首先显示出“水平时基线”，选定基线位置，根据所测量电压值选取合适的垂直偏向灵敏度(校准否?)及符合直流测量的示波器输入耦合方式。测量结果填入表3.3。

3. 万用表使用练习

用万用表欧姆挡测量电阻。

(1)测量电阻时，有必要对电阻元件特性、标称值进行一定的介绍。

根据电阻器结构的特征可分为薄膜型电阻器、线绕电阻、敏感电阻等。

例：碳膜电阻值范围为0.75 Ω~10 MΩ。

金属膜电阻值范围为1 Ω至几百兆欧，精度可达0.5%，额定功率一般不超过2 W。

功率型绕线电阻器阻值通常为0.1Ω至数百千欧，额定功率可达200 W。

(2)电阻标称值：

A：直接表示法——把数值直接标出。

B：间接标称值——采用色环表示阻值大小(0.5 W以下碳膜和金属膜电阻器使用色标较普遍)分为三环色标(精度均为±20%)、四环色标(包括精度环)和五环色标(包括精度环)。

各色别表示对应标称阻值环位数字

棕	红	橙	黄	绿	蓝	紫	灰	白	黑	金	银
1	2	3	4	5	6	7	8	9	0	0.1	0.01

色环精度环各色别对应误差

棕	红	绿	蓝	紫	金	银
±1%	±2%	±0.5%	±0.2%	±0.1%	±5%	±10%

对于三环电阻器，第一环、第二环分别为高位、低位，第三环为倍率(10^n)，误差20%。

对于四环电阻器，第三环为倍率(10^n)，第四环为误差环；

对于五环电阻器，第四环为倍率(10^n)，第五环为误差环。

误差环宽度要稍大些。

【例3.1】 图3.2所示电阻器阻值为：$270\times10^3=270\ \text{k}\Omega$，其误差为$\pm5\%$。

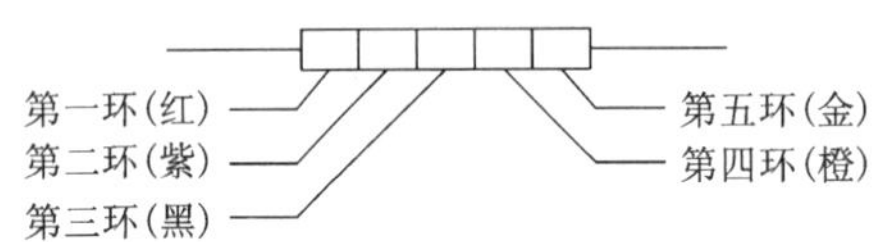

图3.2 电阻色环的意义

按部标电阻系列，其E24系列标称值的数字为1.0，1.1，1.2，1.3，1.5，1.6，1.8，2.0，2.2，2.4，2.7，3.0，3.3，3.6，3.9，4.3，4.7，5.1，5.6，6.2，6.8，7.5，8.2，9.1，其具体取值再乘10^n（n为正整数或负整数），该系列也适用于电位器和电容器。

(3)电阻器类型的选择：

如要求精度高、稳定性能好，可从金属膜电阻器中进行选择；如要求不高可选择体积小的碳膜电阻。

在高温条件下，可选用硅碳膜、金属膜、金属氧化膜电阻器；在低噪声电路中，可选金属膜或线绕电阻器；在高频电路中，不能选用线绕电阻器，一般可选用金属膜电阻器。

若需较精确的电阻器则从材料、结构、具体特性挑选，有这方面的资料可查阅。

按照所给的电阻元件，完成表3.4。

表3.4 电阻测量记录表

电阻顺序	电阻实际值(测量)	万用表R挡	电阻标称值(读色环)
1			
2			
3			
4			
5			
6			

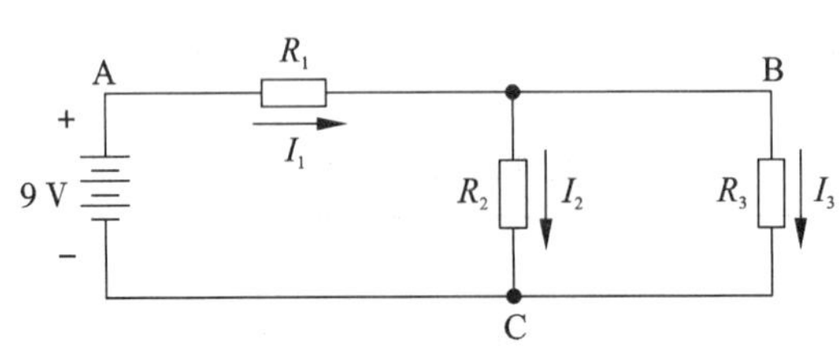

图3.3 直流电压值测量电路

用万用表直流电压挡(20 kΩ/V)测图3.3电路中各直流电压值(填入表3.5中)：

(1)调节稳压源，使输出电源电压为9 V。令$R_1=5.1\ \text{k}\Omega$、$R_2=R_3=10\ \text{k}\Omega$，分别用万用

表50 V、10 V直流电压挡测电压值，填入表3.5中。

表3.5　直流电压测量记录表

电压 电阻器	U_{AC}/V	U_{AB}/V	U_{BC}/V	量程挡位	备注
$R_1=5.1$ kΩ $R_2=R_3=10$ kΩ	9			50 V	每换一次量程，U_{AC}(9 V)必须重测使其保持9 V
	9			10 V	
$R_1=51$ kΩ $R_2=R_3=100$ kΩ	9			50 V	
	9			10 V	

(2)令 $R_1=51$ kΩ，$R_2=R_3=100$ kΩ，重复(1)步骤。

4. 使用指针式万用表

判断三极管、二极管各极及比较手头各电容器容量大小。

3.1.5　思考题

用量程50 V，准确度为0.5级的电压表分别测量50 V和20 V的电压，求可能出现的最大相对误差。

3.1.6　作业

(1)使用示波器观察波形时，为达到下列要求，应调节哪些旋钮？

1)波形清晰且亮度适中。

2)波形在荧光屏中央，大小适中。

3)波形稳定。

(2)说明用示波器观察正弦波电压，若荧光屏上分别显示图3.4所示的波形，是哪些旋钮位置不对？应如何调节？

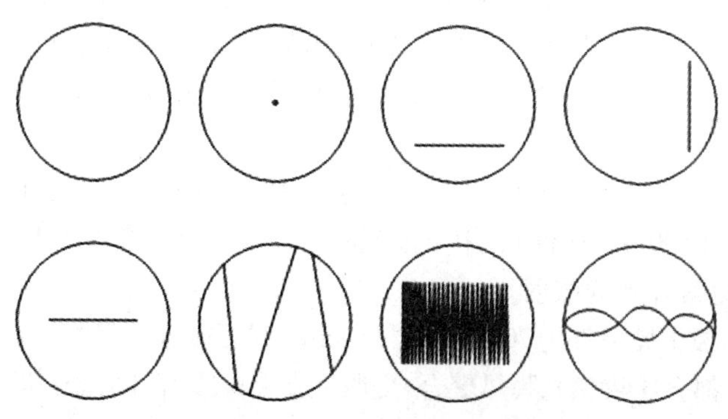

图3.4　示波器上正弦波形的几种显示

(3)说明函数信号发生器面板上的0 dB、20 dB、40 dB、60 dB在控制输出电压时的合理运用。当该仪器输出电压(有效值)最大为6 V，若需要输出电压为100 mV时，衰减应置于多少“dB”合适？

(4)为什么当电阻$R_1=51\ \text{k}\Omega$，R_2、R_3等于100 kΩ时，用10 V挡测图3.3中电压U_{AB}、U_{BC}误差较大？

(5)整理实验内容，写出实验报告。

3.2 印制电路板制作与锡焊工艺

3.2.1 目的要求

(1)掌握快速印制电路板的制作工艺、步骤与方法，能独立完成双面印制电路板的制作。

(2)掌握电子产品锡焊焊接工艺与技术，能独立完成电子作品的焊接。

(3)掌握焊点分析方法，能独立完成印制电路板的修焊过程。

3.2.2 预习要求

阅读有关印制电路板快速制作、锡焊工艺技术等内容的文献，特别是要掌握焊点分析方法，通过实验室上机测试后，才能在教师的指导下开始实验。

3.2.3 实验器材

(1)印制电路板制作设备	1套
(2)电烙铁	1把
(3)实验室配给的电子元器件	若干

3.2.4 实验内容

1.印制电路板的制作

(1)工艺流程。

基板前处理→丝网满版印刷(丝网目数100~200目)→预烘干(70~80℃，10~20 min)→曝光(4 kW，35~70 s)→显影(1%无水碳酸钠溶液，20~30℃，45~60 s)→干燥(90~100℃，5 min)→蚀刻或电镀→去墨(3%~5%氢氧化钠溶液，40~60℃，1~3 min)

(2)注意事项。

1)丝网满版印刷：干燥后感光膜的厚度一般为15~25 μm，用于电镀时，膜应厚些，采用的丝网目数应小些(100~150目)，用于蚀刻时，丝网目数可高些(140~200目)。

2)印刷时应避免紫外光的照射。

3)预干燥：单面板干燥条件为70~75℃，15 min；双面板70~75℃，10 min左右，预干燥时间太长或温度过高，都会导致感光膜热聚合/交联，造成显影后有余胶；反之，干燥不充分，溶剂仍有部分残留在感光膜中，曝光时会出现感光膜粘底片、耐显影性能差等现象。预干燥后的板子应轻拿轻放，千万不能堆放在一起，以免互相粘连，并在自然冷却后48 h内曝光。

4)曝光：感光膜越厚，所需曝光时间越长；膜越薄，所需曝光时间越短，4~7 kW曝光机，曝光时间为35~70 s。曝光时间过短，感光膜的耐显影性和耐蚀刻性能差，电绝缘性降低；曝光时间太长，分辨率降低，显影时间变长。曝光时要注意工作间的环境温度、湿度，最好在洁净的环境中工作，曝光后的板子，放置15 min后即可显影。

5)水洗与干燥：显影好的板子应充分水洗至中性，并在90～110℃范围内烘干3～5 min，这样可提高固化膜与基材的附着力及电绝缘性，耐电镀效果更佳。

6)蚀板：固化膜可耐$FeCl_3$(三氯化铁)、酸性或碱性氯化铜($CuCl_2$)等蚀刻液腐蚀。

7)电镀：用于电镀时，固化膜厚度应大于镀层厚度，以避免电镀时出现镀层外溢发生短路现象。

8)去墨：温度越高，NaOH溶液质量分数(浓度)越大，则去墨时间越短；温度越低，NaOH质量分数越小去墨时间越长，温度对去墨时间的影响比NaOH质量分数更明显。一般NaOH质量分数3%～5%，温度40～60℃，固化膜膨胀且呈片状脱落，时间1～3 min。

2. 锡焊

作为一种操作技术，手工锡焊主要是通过实际训练才能掌握，但是遵循基本的原则，学习前人积累的经验，运用正确的方法，可以事半功倍地掌握操作技术。以下各点对学习焊接技术是必不可少的。

(1)锡焊基本条件。

1)焊件可焊性。

不是所有的材料都可以用锡焊实现连接的，只有一部分金属有较好可焊性(严格地说应该是可以锡焊的性质)，才能用锡焊连接。一般铜及其合金、金、银、锌、镍等具有较好可焊性，而铝、不锈钢、铸铁等可焊性很差，一般需采用特殊焊剂及方法才能锡焊。

2)焊料合格。

铅锡焊料成分不合规格或杂质超标都会影响焊锡质量，特别是某些杂质含量，例如锌、铝、镉等，即使是0.001%的含量也会明显影响焊料润湿性和流动性，降低焊接质量。再高明的厨师也无法用劣质的原料加工出美味佳肴，这个道理是显而易见的。

3)焊剂合适。

焊接不同的材料要选用不同的焊剂，即使是同种材料，当采用焊接工艺不同时也往往要用不同的焊剂，例如手工烙铁焊接和浸焊，焊后清洗与否就需采用不同的焊剂。对手工锡焊而言，采用松香和活性松香能满足大部分电子产品装配要求。还要指出的是焊剂的量也是必须注意的，过多、过少都不利于锡焊。

4)焊点设计合理。

合理的焊点几何形状，对保证锡焊的质量至关重要，由于铅锡料强度有限，很难保证焊点足够的强度，印制板上通孔安装元件引线与孔尺寸不同时对焊接质量也有影响。

(2)手工锡焊要点。

以下几个要点是由锡焊机理引出并被实际经验证明具有普遍适用性。

1)掌握好加热时间。

锡焊时可以采用不同的加热速度，例如烙铁头形状不良、用小烙铁焊大焊件时，我们不得不延长时间以满足锡料温度的要求。在大多数情况下延长加热时间对电子产品装配都是有害的，这是因为：

①焊点的结合层由于长时间加热而超过合适的厚度会引起焊点性能劣化。

②印制板、塑料等材料受热过多会变形变质。

③元器件受热后性能变化甚至失效。

④焊点表面由于焊剂挥发，失去保护而氧化。

结论：在保证焊料润湿焊件的前提下时间越短越好。

2）保持合适的温度。

如果为了缩短加热时间而采用高温烙铁焊校焊点，则会带来另一方面的问题：焊锡丝中的焊剂没有足够的时间在被焊面上漫流而过早挥发失效；焊料熔化速度过快影响焊剂作用的发挥；由于温度过高，虽加热时间短也造成过热现象。

结论：保持烙铁头在合理的温度范围。一般经验是烙铁头温度比焊料熔化温度高50℃较为适宜。

理想的状态是较低的温度下缩短加热时间，尽管这是矛盾的，但在实际操作中我们可以通过操作手法获得令人满意的解决方法。

3）用烙铁头对焊点施力是有害的。

烙铁头把热量传给焊点主要靠增加接触面积，用烙铁对焊点加力对加热是徒劳的。很多情况下会造成被焊件的损伤，例如电位器、开关、接插件的焊接点往往都是固定在塑料构件上的，加力的结果容易造成元件失效。

（3）锡焊操作要领。

1）焊件表面处理。

手工烙铁焊接中遇到的焊件是各种各样的电子零件和导线，除非在规模生产条件下使用"保险期"内的电子元件，一般情况下遇到的焊件往往都需要进行表面清理工作，去除焊接面上的锈迹、油污、灰尘等影响焊接质量的杂质。手工操作中常用机械刮磨和酒精、丙酮擦洗等简单易行的方法。

2）预焊。

预焊就是将要锡焊的元器件引线或导电的焊接部位预先用焊锡润湿，一般也称为镀锡、上锡、搪锡等。称预焊是准确的，因为其过程和机理都是锡焊的全过程——焊料润湿焊件表面，靠金属的扩散形成结合层后而使焊件表面"镀"上一层焊锡。预焊并非锡焊不可缺少的操作，但对手工烙铁焊接特别是维修、调试、研制工作几乎可以说是必不可少的。

3）不要用过量的焊剂。

适量的焊剂是必不可少的，但不要认为越多越好。过量的松香不仅加大了焊后清洗焊点周围的工作量，而且延长了加热时间（松香融化、挥发需要并带走热量），降低工作效率；而当加热时间不足时又容易夹杂到焊锡中形成"夹渣"缺陷；对开关元件的焊接，过量的焊剂容易流到触点处，从而造成接触不良。合适的焊剂量应该是松香水仅能浸湿将要形成的焊点，不要让松香水透过印制板流到元件面或插座孔里（如 IC 插座）。对使用松香芯的焊丝来说，基本不需要再涂焊剂。

4）保持烙铁头的清洁。

因为焊接时烙铁头长期处于高温状态，又接触焊剂等受热分解的物质，其表面很容易氧化而形成一层黑色杂质，这些杂质几乎形成隔热层，使烙铁头失去加热作用。因此要随时在烙铁架上蹭去杂质。用一块湿布或湿海绵随时擦烙铁头，也是常用的方法。

5）加热要靠焊锡桥。

非流水线作业中，一次焊接的焊点形状是多种多样的，我们不可能不断换烙铁头。要提高烙铁头加热的效率，需要形成热量传递的焊锡桥。所谓焊锡桥，就是靠烙铁上保留少量焊锡作为加热时烙铁头与焊件之间传热的桥梁，由于金属液的导热效率远高于空气，焊件会很快被加热到焊接温度，因而应注意作为焊锡桥的锡保留量不可过多。

6)焊锡量要合适。

过量的焊锡不但毫无必要地消耗了较贵的锡，而且增加了焊接时间，相应降低了工作速度。更为严重的是在高密度的电路中，过量的锡很容易造成不易察觉的短路。但是焊锡过少不能形成牢固的结合，焊点强度降低，特别是在板上焊导线时，焊锡不足往往造成导线脱落。

7)焊件要牢固。

在焊锡凝固之前不要使焊件移动或振动，特别使用镊子夹住焊件时一定要等焊锡凝固再移去镊子。这是因为焊锡凝固过程是结晶过程，根据结晶理论，在结晶期间受到外力(焊件移动)会改变结晶条件，导致晶体粗大，造成所谓"冷焊"。外观现象是表面无光泽呈豆渣状；焊点内部结构疏松，容易有气隙和裂隙，造成焊点强度降低，导电性能差。因此，在焊锡凝固前一定要保持焊件静止，实际操作时可以用各种适宜的方法将焊件固定，或使用可靠的夹持措施。

8)烙铁撤离有讲究。

烙铁处理要及时，而且撤离时的角度和方向对焊点形成有一定关系。撤烙铁时轻轻旋转一下，可保持焊点适当的焊料，这需要在实际操作中体会。

3.2.5　思考题

(1)锡焊过程中，为什么要特别注意焊接的温度与时间？如何配合好温度与时间？
(2)在烙铁撤离时，为什么要注意烙铁撤离的角度和方向？如何注意？

3.2.6　作业

(1)完成印制电路板的制作和元器件的焊接；须经指导教师检测验收后才能离开实验室。
(2)写一篇印制电路板制作或锡焊方面的体会。

3.3　TTL 集成电路的功能测试

3.3.1　实验目的

(1)熟悉 TTL 各种门电路的逻辑功能及测试方法。
(2)熟悉万用表的使用方法。

3.3.2　实验设备及器件

(1)SAC－SDⅡ－2 型数字逻辑实验台
(2)数字万用表　　1 块
(3)74LS20 双四输入与非门　　1 片
(4)74LS02 四二输入或非门　　1 片
(5)74LS51 双 2－3 输入与或非门　　1 片

(6)74LS86 四二输入异或门　　　　　　　1 片

3.3.3　实验内容与步骤

1. 与非门逻辑功能测试

用 74LS20 双四输入与非门进行实验。

(1)按图 3.5 接线。

(2)按表 3.6 要求用开关改变输入端 A，B，C，D 的状态，借助指示灯和万用表，把测试结果填入表 3.6 中。

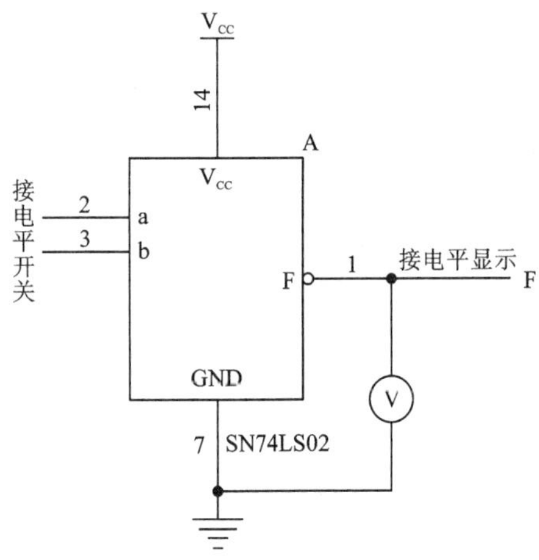

图 3.5　74LS20 测试接线图

表 3.6　74LS20 测试记录表

输入				输出 F	
A	B	C	D	电压(V)	逻辑状态
0	0	0	0		
0	0	0	1		
0	0	1	1		
0	1	1	1		
1	1	1	1		

2. 或非门逻辑功能测试

用 74LS02 二输入四或非门进行实验。

(1)按图 3.6 接线。

(2)按表 3.7 的要求用开关改变输入量 A，B 的状态，借助指示灯和万用表观测各相应输出端 F 的状态，并将测试结果填入表 3.7 中。

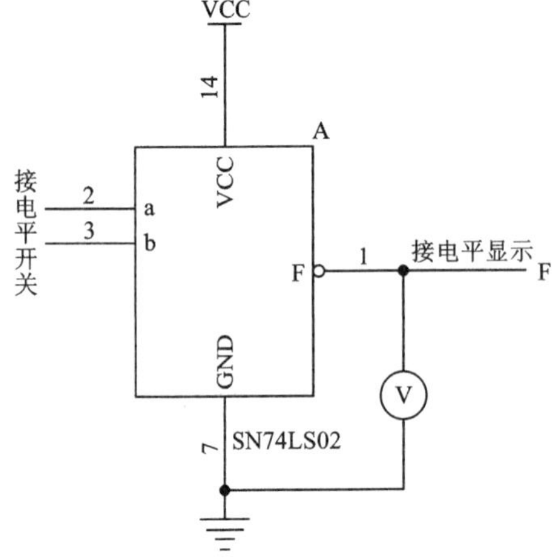

图 3.6　74LS02 功能测试图

表 3.7　74LS02 功能测试记录表

输入		输出 F	
A	B	电压(V)	逻辑状态
0	0		
0	1		
1	0		
1	1		

3. 与或非门逻辑功能测试

用74LS51双2－3输入与或非门进行实验。

(1)按图3.7接线。

(2)按表3.8要求用开关改变输入量A，B，C，D的状态，借助指示灯和万用表观测各对应输出端F的状态，并把测试结果记入表3.8中。

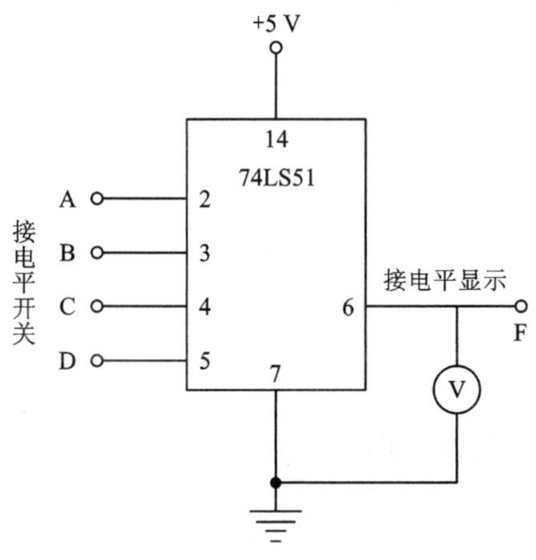

图3.7 74LS51功能测试图

表3.8 74LS51功能测试记录表

输入				输出F	
A	B	C	D	电压(V)	逻辑状态
0	0	0	0		
0	0	0	1		
0	0	1	1		
0	1	1	1		
1	1	1	1		

4. 异或门逻辑功能测试

用74LS86二输入四异或进行实验。

(1)按图3.8接线。

(2)按表3.9要求用开关改变输入量A，B的状态，借助指示灯和万用表观测各对应输出端的状态，并把测试结果填入表3.9中。

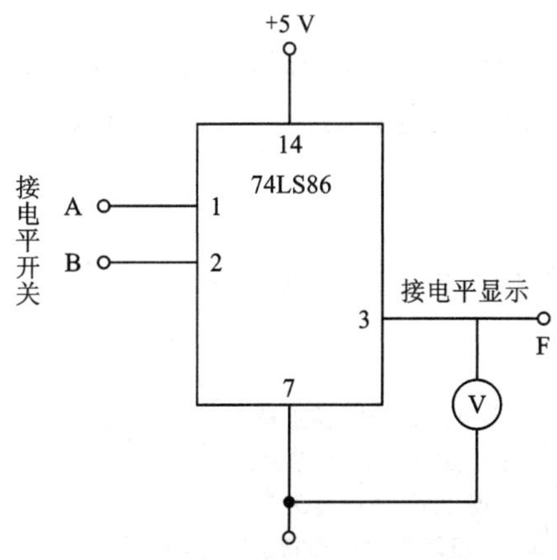

图3.8 74LS86功能测试图

表3.9 74LS86功能测试记录表

输入		输出F	
A	B	电压(V)	逻辑状态
0	0		
0	1		
1	0		
1	1		

3.3.4 实验要求

(1)将实验结果填入各相应表中。

(2)分析各门电路的逻辑功能。

(3)回答下面问题:

1)与非门一个输入端接连续脉冲,其余端是何状态时允许脉冲通过,是何状态时禁止脉冲通过?

2)为什么异或门又称可控反相门?

(4)独立完成实验,交出完整的报告。

3.4 常用低压电器的认识与安装

3.4.1 实验目的

(1)认识常用低压电器。

(2)掌握常用低压电器的使用方法。

(3)对常用低压电器的结构有个初步了解。

(4)认识点动控制电路和自锁控制电路,并会自己设计电路。

(5)掌握常用低压电器的连线方法。

3.4.2 实验设备

(1)低压电器	若干
(2)导线	若干
(3)操作工具	1套

3.4.3 原理说明

1. 按钮

(1)概述。

按钮又叫控制按钮或按钮开关,是一种手动控制电器。它只能短时接通或分断5 A以下的小电流电路,向其他电器发出指令性的电信号,控制其他电器动作。由于按钮载流量小,不能直接控制主电路的通断。

(2)结构。

由按钮帽、复位弹簧、动断触点、动合触点、接线桩及外壳等组成。

(3)常用按钮的型号含义(见图3.9)。

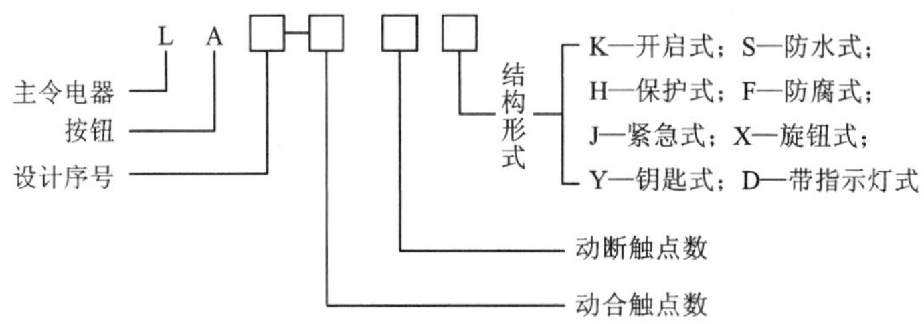

图3.9 常用按钮型号含义

(4)按钮选用原则。

根据使用场合、被控制电路所需触点数目及按钮帽的颜色等方面综合考虑。使用前，应检查按钮帽弹性是否正常，动作是否自如，触点接触是否良好可靠。由于按钮触点之间距离较小，如有油污和其他脏物容易造成短路，应注意保持触点及导电部分的清洁。

按钮安装在面板上时，应布置合理，排列整齐。可根据生产机械或机床起动工作的先后顺序，从上到下或从左到右依次排列。如果它们有几种工作状态，如上、下；前、后；左、右；松、紧等，应使每一组相反状态的按钮安装在一起。在面板上固定按钮时安装应牢固，停止按钮用红色，起动按钮用绿色或黑色。

2. 交流接触器

(1)交流接触器的优缺点。

交流接触器是通过电磁机构动作，频繁地接通和分断主电路的远距离操纵电器。优点是动作迅速、操作方便和便于远距离控制。所以广泛地应用于电动机、电热设备、小型发电机、电焊机和机床电路上。缺点是噪声大、寿命短、不具备短路保护功能。

(2)交流接触器的型号含义(见图3.10)。

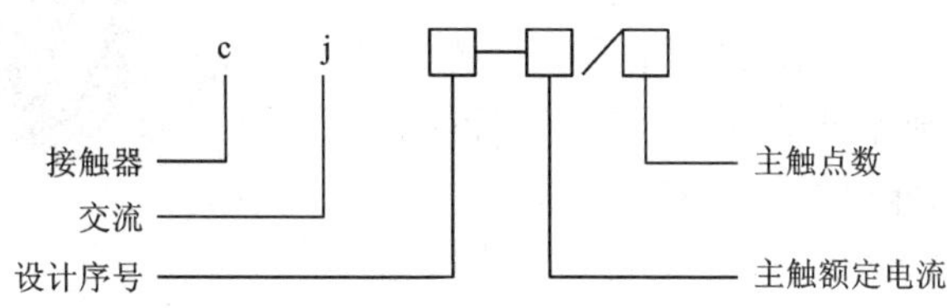

图3.10 交流接触器型号含义

(3)交流接触器的基本结构。

1)电磁系统。

由电磁线圈、静铁芯、动铁芯等组成。

2)触点系统。

分主触点和辅助触点。

3)灭弧装置。

电动灭弧、双断口灭弧、纵缝灭弧、栅片灭弧。

4)交流接触器的附件。

交流接触器包括外壳、传动机构、接线桩、反作用弹簧、复位弹簧、缓冲弹簧、压力触点等附件。

(4)交流接触器的工作原理。

当交流电流通过接触器的电磁线圈时，电磁线圈产生磁场，动、静铁芯磁化，使二者之间产生足够的吸引力，动铁芯克服弹簧反作用力向静铁芯运动，使动合主触点和动合辅助触点闭合，动断辅助触点分断。于是主触点接通主电路，动合辅助触点接通有关二次电路，动断辅助触点分断另外的二次电路。

如果电磁线圈断电，磁场消失，动、静铁芯之间引力消失，动铁芯在复位弹簧的作用下复位，断开主触点和动合辅助触点，分断主电路和有关二次电路。

交流接触器的工作环境要求清洁、干燥。应将交流接触器垂直安装在底板上，注意安装位置不得受到剧烈振动，因为剧烈振动容易造成触点抖动，严重时会发生误动作。

选用交流接触器时，交流接触器工作电压不得低于被控制电路的最高电压，交流接触器主触点额定电流应大于被控制电路的最大工作电流。用交流接触器控制电动机时，电动机最大电流不应超过交流接触器额定电流允许值，用于控制可逆运转和频繁起动的电动机时，交流接触器要增大一至二级使用。交流接触器电磁线圈的额定电压应与被控制辅助电路电压一致。对于简单电路，多用380 V 和220 V；在线路较复杂和有低压电源的场合或工作环境有特殊要求时，也可选用36 V、127 V 等。

3. 热继电器

(1)用途：对电动机和其他用电设备进行过载保护的控制电器。

(2)外形：热继电器是由流入热元件的电流产生热量，使有不同膨胀系数的双金属片发生形变，当形变达到一定距离时，就推动连杆动作，使控制电路断开，从而使接触器失电，主电路断开，实现电动机的过载保护。热继电器作为电动机的过载保护元件，以其体积小、结构简单、成本低等优点在生产中得到了广泛应用。热继电器的外形如图3.11所示。

图3.11　热继电器的外形

(3)组成：热元件、触点、动作机构、复位按钮、整定电流调节装置。

(4)工作原理：热继电器的动断触点串联在被保护的二次电路中。若电路和工作设备工作正常，通过热元件的电流未超过允许值，则热元件的温度不高，不会使双金属片产生过大的弯曲，热继电器处于正常工作状态使线路导通。一旦电路过载，有较大电流通过热元件，热元件烤热双金属片，双金属片因上层膨胀系数小，下层膨胀系数大而向上弯曲，使扣板在弹簧拉力作用下带动绝缘牵引板，分断接入控制电路中的动断触点，切断主电路，从而起过载保护作用。热继电器动作后，一般不能立即自动复位，待电流恢复正常，双金属片复原后，再按动复位按钮，才能使动断触点回到闭合状态。

(5)热继电器型号含义，如图3.12所示。

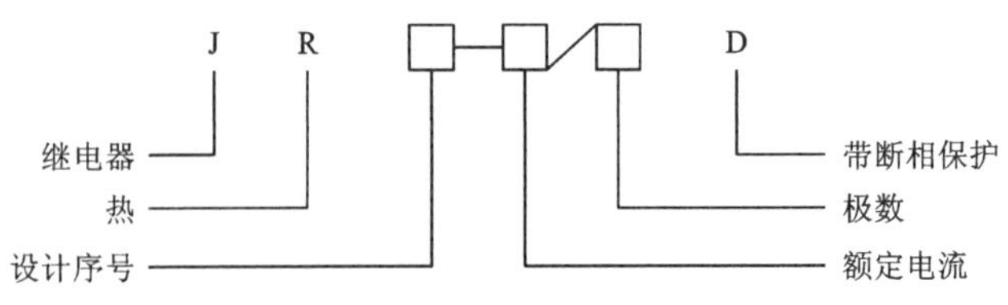

图3.12　热继电器型号含义

(6)热继电器可以作过载保护但不能作短路保护，因其双金属片从升温到发生热形变断开动断触点有一个时间过程，不可能在短路瞬时迅速分断电路。通常只要负载电流超过整定电流1.2倍，热继电器必须动作。

(7)热继电器的选用：其额定电流或热元件整定电流均应大于电动机或被保护电路的额定电流。对星形联接的电动机，可选用普通二相保护式或三相保护式热继电器。对三角形联接的电动机，普通热继电器不能起断路保护作用，必须选用带断相保护装置的热继电器，这时热元件整定电流可以与电动机额定电流相等，若在电动机频繁起动、正反转、起动时间长或带有冲击性负载等情况下，热元件的整定电流值应为电动机额定电流的1.1～1.5倍。对于点动、重载起动、频繁正反转及带反接制动等运行的电动机，一般不用热继电器作过载保护。

4. 时间继电器

(1)概述：时间继电器是利用电磁原理实现触点延时闭合或断开的自动控制电器。其种类较多，有空气阻尼式、电磁式、电动式及晶体管式等几种。

(2)空气阻尼式时间继电器：由电磁系统、工作触点、气室和传动机构等四部分组成。

电磁系统由电磁线圈、静铁芯、衔铁、反作用弹簧和弹簧片组成。

工作触点由两副瞬时触点和两副延时触点组成。一副瞬时闭合，一副瞬时断开。

气室由橡皮膜、活塞和壳体组成。

传动机构由杠杆、推杆、推板和宝塔弹簧组成。

(3)空气阻尼式时间继电器型号含义如图3.13所示。

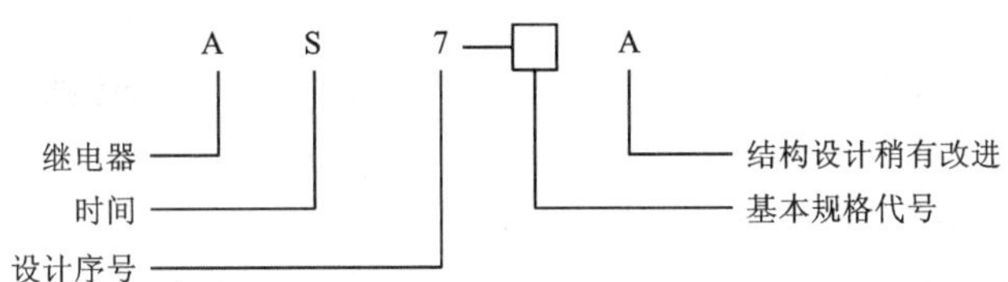

图3.13 空气阻尼式时间继电器型号含义

(4)工作原理：

1)断电延时工作原理。

当电路通电后，电磁线圈的静铁芯产生磁场力，使衔铁克服弹簧的反作用力被吸合，与衔铁相连的推板向右运动，推动推杆，压缩宝塔弹簧，使气室内橡皮膜和活塞缓慢向右移动，通过弹簧片使瞬时触点动作，同时也通过杠杆使延时触点作好准备。线圈断电后，衔铁在反作用弹簧的作用下被释放，瞬时触点复位，推杆在宝塔弹簧作用下，带动橡皮膜和活塞向左移动，移动速度由气室进气口的节流程度决定，其节流程度可由调节螺丝完成。这样经过一段时间间隔后，推杆和活塞到最左端，使延时触点动作。

2)通电延时工作原理。

将时间继电器的电磁线圈翻转180°安装，即可将断电延时时间继电器改装成通电延时时间继电器。其工作原理与断电延时原理相似。

3)时间继电器的选用。

根据被控制线路的实际要求选择不同延时方式的时间继电器。

根据被控制线路的电压等级选择电磁线圈的电压，使两者电压相符。

3.4.4 实验内容及要求

1. 点动控制电路(见图3.14)

启动：按下动合按钮SB→控制电路通电→接触器线圈KM通电→接触器动合主触点闭合→主电路接通→电动机M通电起动。

停止：放开动合按钮SB→控制电路分断→接触器线圈KM断电→接触器动合主触点KM分断→主电路分断电动机M断电停转。

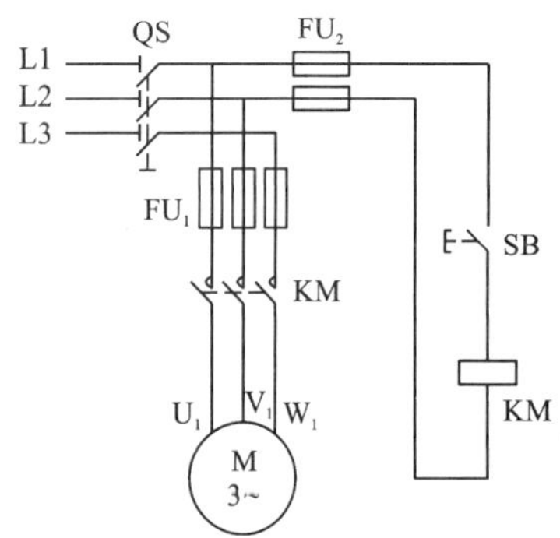

图3.14 点动控制线路

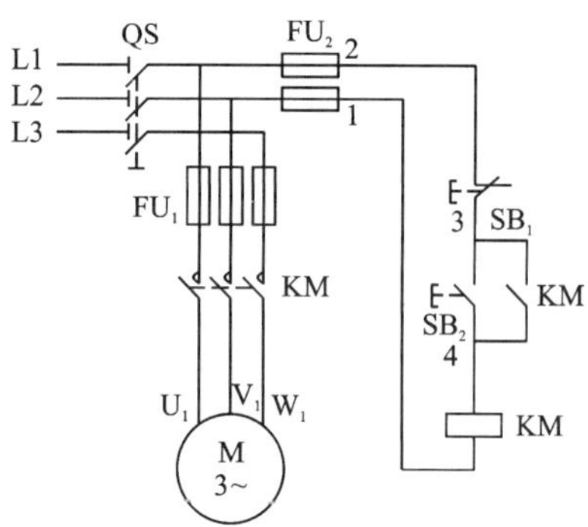

图3.15 具有自锁的单向运转控制电路

2. 具有自锁的单向运转控制电路(见图3.15)

启动：按下启动按钮SB2→控制电路(3－4)闭合→接触器线圈KM(4－1)通→接触器动合辅助触点KM(3－4)闭合自锁(SB2释放后KM(4－1)仍然通电)→接触器动合主触点闭合→电动机M通电持续运转。

停止：按下动断按钮SB1→控制电路分断→接触器线圈KM(4－1)断电。

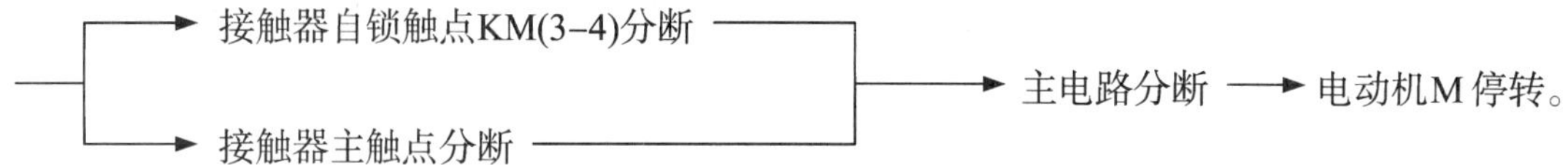

3. 实验内容与步骤

(1)认识各电器元件和各组成电路。

(2)了解各电器元件的工作原理，并会自行设计电路。

(3)会应用各电器元件于实际工作环境。

3.4.5 实验报告

(1)试述各种低压电器的作用、功能、型号及工作原理。

(2)各种低压电器在使用过程中要注意哪些问题？

(3)热继电器和时间继电器如何进行参数调整？

第4章 基础性实验

4.1　受控源特性测试（VCCS及VCVS）

4.1.1　实验目的

(1)熟悉四种受控电源的基本特性。

(2)掌握受控源转移参数的测试方法。

(3)了解受控源在电路中的应用。

4.1.2　内容说明

电源可分为独立电源(如干电池、发电机等)与非独立电源(或称受控源)两种，受控源在网络分析中已成为一个与电阻、电感、电容等无源元件一样经常遇到的电路元件。

受控源与独立电源不同，独立电源的电动势或电流是某一固定数值或某一时间函数，不随电路其余部分的状态而改变，且理想电源的电压不随其输出电流而改变，理想独立电流源的电流不随其端电压改变而改变。受控电源的电动势或电流则随网络中另一支路的电流或电压改变而改变，受控源又与无源元件不同，无源元件的电压和它自身的电流有一定的函数关系，而受控源的电压或电流则和另一支路(或元件)的电流或电压有某种函数关系。

当受控源的电压(或电流)与控制元件的电压(或电流)成正比变化时，该受控源是线性的。理想受控源的控制支路中只有一个独立变量(电压或电流)，另一个独立变量等于零，即从输入口看，理想受控源或者是短路(即输入电阻 $R_1=0$，因而 $U_1=0$)，就是说控制支路只有一个独立变量电流 I_1作用，另一个独立变量 $U_1=0$；或者是开路(即输入电导 $G_1=0$)，因而输入电流 $I_1=0$，只有输入电压 U_1单独作用。从出口看，理想受控源或者是一理想电压源，或者是一理想电流源，如图4.1所示。由图可见，受控源有两对端钮：一对输出端钮，一对输入端钮。输入端钮用来控制输出端电压或电流大小，施加于输入端的控制量可以是电压或电流。因此，有两种受控电压源，即电压控制电压源VCVS，电流控制电压源CCVS；同样，受控电流源也有两种，即电压控制电流源VCCS及电流控制电流源CCCS。

受控源的受控端与控制端的关系式称转移函数，四种受控源的转移函数参量分别用 α，G_m，μ，r_m表示，它们的定义如下：

CCCS：$\alpha=\dot{I}_2/\dot{I}_1$——转移电流比例(或电流增益)；

VCCS：$G_m=\dot{I}_2/\dot{U}_1$——转移电导；

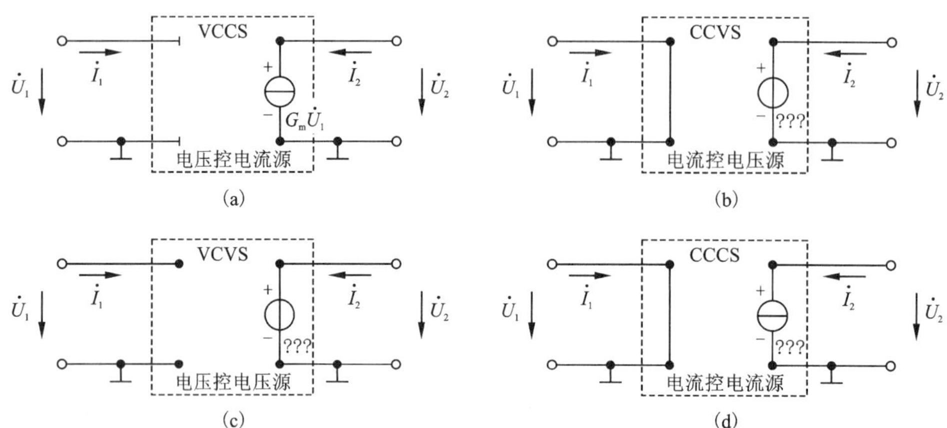

图 4.1 受控电源

VCVS：$\mu = \dot{U}_2/\dot{U}_1$——转移电压比(或电压增益)；

CCVS：$r_m = \dot{U}_2/\dot{I}_1$——转移电阻。

4.1.3 实验设备(见表 4.1)

表 4.1 受控源特性测试实验设备表

名 称	数 量	备 注
稳压、稳流源	1	
直流电压、电流表	1	
全智能精密负载	1	或常规负载
电路有源元件	1	

4.1.4 实验任务及步骤

1. VCCS 的伏安特性及转移电导的测试

(1)按图 4.2 接线，图中 R_L为可变电阻，$R_1 = 1$ kΩ。

(2)调节稳压电源：使 $U_1 = 2.5$ V。

(3)调节可变电阻 R_L，对不同的 R_L值，用直流电压、电流表量出 U_1，I_1，U_2，I_2，所测数据记入表 4.2 中，并绘制 VCCS 的外特性曲线 $I_2 = f(U_2)$。为使 VCCS 正常工作，应使 U_1(或 U_2)在 2.5 V 以内，$I_1(I_2)$在 2.5 mA 以内，$R_L < 1$ kΩ。

(4)选定 $R_L = 1$ kΩ，改变稳压电源输出电压 U 为正负不同数值时分别测量 U_1，I_1，U_2，I_2，所测数据记入表 4.3 中，计算转移电导，并绘制 VCCS 的输入伏安特性曲线 $U_1 = f(I_1)$及转移特性曲线 $I_2 = f(U_1)$。

转移电导平均值：$G_m = \sum_{n=1}^{n} g_{mn}/n$

2. VCVS 的伏安特性及电压增益系数 μ 的测试

(1)按图 4.3 接好实验电路。

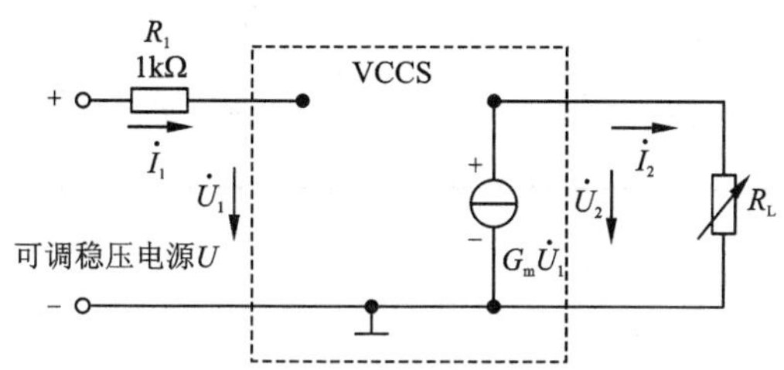

图 4.2　电压控制电流源测试电路

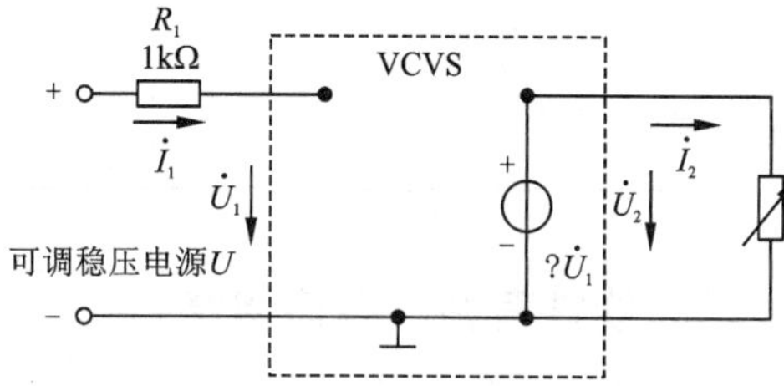

图 4.3　电压控制电压源测试电路

(2)调节稳压电源输出电压，使 U_1 =2.5 V，R_L在 1 kΩ ~ ∞ 范围内。

改变 R_L，测量出 U_1，I_1，U_2，I_2。测量数据记入表 4.4，并绘制 VCVS 的伏安特性曲线 $U_2=f(I_2)$。

(3)固定 R_L =1 kΩ，改变稳压电源输出电压 U 为正负不同数值时分别测量 U_1，I_1，U_2，I_2，所测数据记入表 4.5 中，计算电压增益系数 μ，并绘制输入伏安特性 $U_1=f(I_1)$及转移特性 $U_2=f(U_1)$。

4.1.5　实验结果

见表 4.2、表 4.3、表 4.4、表 4.5。

表 4.2　VCCS 伏安特性

U = 　　V；U_1 = 　　V；I_1 = 　　mA

R_L/Ω	1000	900	800	700	600	500	400	300	200	100
U_2/V										
I_2/A										

表 4.3　VCCS 的输入伏安特性曲线 $U_1=f(I_1)$及转移特性曲线 $I_2=f(U_1)$的绘制

U/V	U_1/V	U_2/V	I_2/mA	$G_m=I_2/U_1(1/\Omega)$	R_1/Ω
2.5					
2					
1					

表 4.4　VCVS 的外部特性曲线的测试

U = 　　V；U_1 = 　　V；I_1 = 　　mA

R_L/kΩ	1	2	3	4	5	6	7	8	9	10	∞
U_2/V											
I_2/A											

表 4.5 VCVS 的输入伏安特性曲线 $U_1=f(I_1)$ 及转移特性曲线 $U_2=f(U_1)$ 的绘制

U/V	U_1/V	I_1/mA	U_2/V	I_2/mA	$\mu=U_2/U_1$	$\mu'=-G_m r_m$
2.5						
2						
1						

4.2 线性有源 - 端口网络

4.2.1 实验目的

(1)加深对戴维南定理的理解并验证其正确性。

(2)学习线性有源 - 端口网络等效电路参数的测量方法。

(3)了解最大输出功率的传递条件。

4.2.2 实验原理及说明

戴维南定理指出：任何一个线性有源 - 端口网络，对外部电路而言，总可以用一个理想电压源和一个电阻串联的有源支路来等效代替，即图 4.4(a)可以用图 4.4(b)来等效代替。该理想电压源的电压为有源 - 端口网络的开路电压 U_{OC}，其等效电阻为有源 - 端口网络去掉电源(恒压源短路，恒流源开路)后变成无源网络的入端电阻 R_0。对于已知的线性 - 端口网络，其等效电阻 R_0可以从原网络计算得出，也可以用实验手段测出，有下面几种方法：

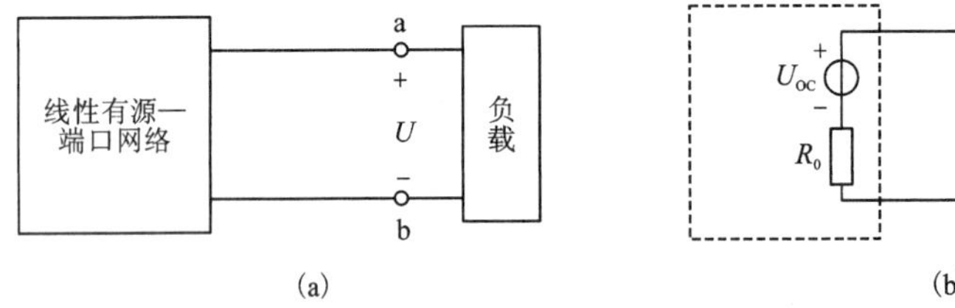

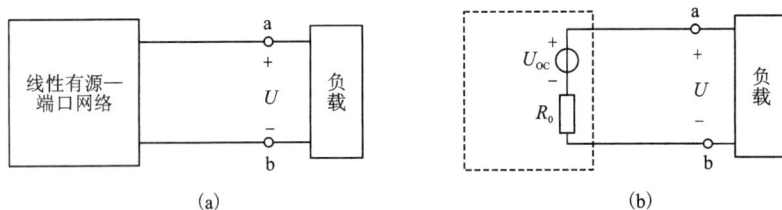

图 4.4 戴维南定理

(1)短路电流法。

由戴维南定理可知：有源 - 端口网络的等效电阻：

$$R_0=U_{OC}/I_{SC}$$

其中：U_{OC}——有源 - 端口网络的开路电压；

I_{SC}——有源 - 端口网络的短路电流。

因此，只要测出有源 - 端口网络的开路电压 U_{OC}及短路电流 I_{SC}便可求出等效电阻 R_0。

(2)外加电压法。

把有源 - 端口网络中的独立电源全部置零，然后在端口处外加一给定电压 U，测得流入网络端口的电流 I，则等效电阻 $R_0=\dfrac{U}{I}$。

(3)测量线性有源－端口网络的伏安特性曲线。

改变负载电阻 R_L，可以得出几组(U_{ab}，I_{ab})，画出相应的伏安特性曲线，该曲线与两坐标轴的交点便是所要求的开路电压 U_{OC} 及短路电流 I_{SC}，从而得到等效电阻：$R_0 = U_{OC}/I_{SC}$。

4.2.3　实验线路图

为了验证戴维南定理，我们设计了如图 4.5(a)所示的电路，根据戴维南定理可知，该电路虚线部分是一有源－端口网络，可以用一个等效电压源来代替。

其电压源的电压为：　$U_{OC} = \dfrac{R_3}{R_1 + R_3 + 200} \times U_S = 3.4\ \text{V}$

其等效电阻为：　$R_0 = \dfrac{(R_1 + 200)R_3}{R_1 + 200 + R_3} + R_2 = 383\ \Omega$

故其等效电路如图 4.5(b)所示。为了组成这两个电路，我们在实验台上按图 4.6 所示接线，实验时应注意各开关的作用以及正确使用连接线。

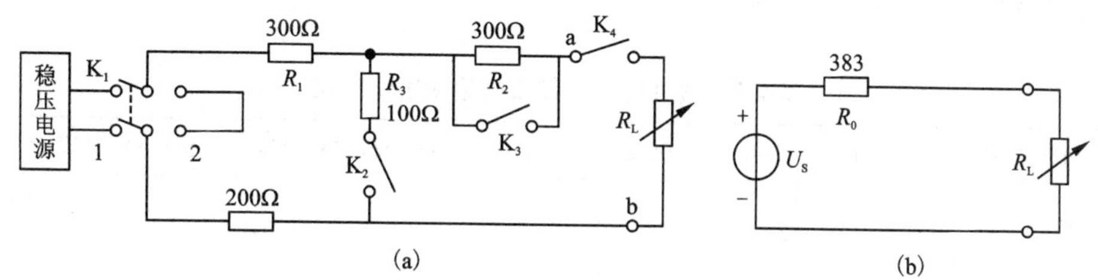

图 4.5　电路原理图及等效电路

4.2.4　实验设备(见表 4.6)

表 4.6　实验设备表

名　称	型　号	数　量
直流稳压电源		1
直流电流表	JDA－21 型	1
直流电压表	JDV－21 型	1
电阻	D01	若干
直流电路实验单元	D02	0～900 Ω

4.2.5　实验步骤

(1)按图 4.6 接线。先将 K_1 倒向短路侧 2，稳压电源调至 $U_S = 20$ V，然后，K_1 倒向电源侧 1，K_2 闭合，K_3、K_4 断开。

1)测量开路电压 U_{OC}：用万用表电压挡测量 a、b 两端的电压，即为开路电压 U_{OC}。

2)测量等效电阻 R_0：将 K_1 置于短路侧，用万用表电阻挡测量 a、b 两端的电阻，即为有源－端口网络的等效电阻 R_0。

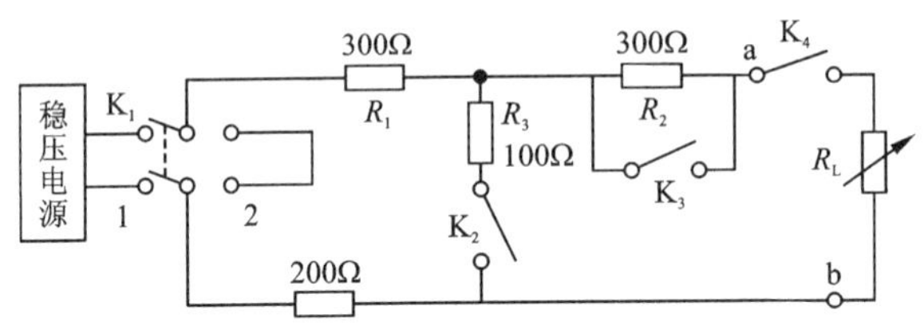

图 4.6 实验线路

3)测量线性有源－端口网络的伏安特性：

闭合 K_4，调节电位器改变 R_L 的值，每改变一次 R_L 值，可以分别测量出有源－端口网络在负载上流过的电流 I_{ab} 和 U_{ab}，填入表 4.7 中，并计算此时的输出功率 P_w。

按图 4.5(b)接线，稳压电源调至 $U_S=3.4$ V，同样改变 R_L，可以在负载 R_L 上测量几组 I_{ab} 和 U_{ab}，分别将 I_{ab} 和 U_{ab} 填入表 4.7 中。

表 4.7 线性有源－端口网络测试记录表

待测电阻 R_L		100 Ω	200 Ω	300 Ω	400 Ω	500 Ω	600 Ω	700 Ω	800 Ω	900 Ω	1 kΩ
有源－端口网络	U_{ab}										
	I_{ab}										
等效电路	U_{ab}										
	I_{ab}										
$P_w=U_{ab}\times I_{ab}$											

4.2.6 回答问题

(1)用实验数据总结戴维南定理，并分别画出有源单口网络和其等效电路的伏安特性曲线，并证明该定理的正确性。

(2)画出有源－端口网络的功率输出曲线(即 $P-R$ 曲线)，说明最大输出功率的传递条件。

(3)计算等效电路测量的参数误差百分比，并分析产生误差的原因。

4.3 三相星形联接电路

4.3.1 实验目的

(1)学习测定三相对称的电源的相序。

(2)研究三相负载作星形联接时，在对称和不对称情况下线电压和相电压的关系。

(3)比较三相供电方式中三线制和四线制的特点，了解中线的作用。

4.3.2 实验原理及说明

(1)实际工作中，往往要测量三相电源的相序，可利用星形接法的不对称负载产生中点位移现象来测定三相电源的相序，图4.7为相序器。若电容器C接A相，则亮的一相为B相，暗的一相为C相。

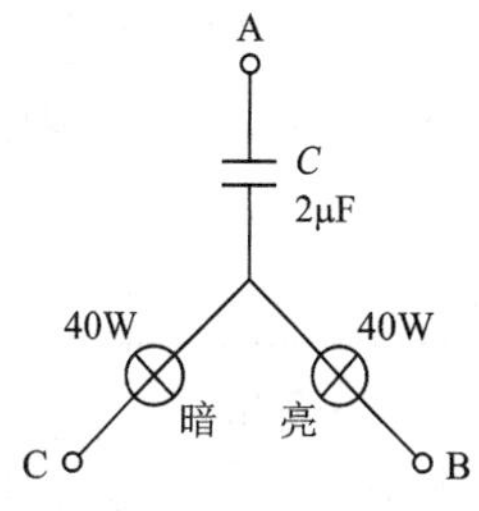

图4.7 相序器

(2)三相电路中，负载的联接方式有星形和三角形两种。星形联接时根据需要可以采用三相三线制供电，也可采用三相四线制供电。三角形联接时只能用三相三线制供电。三相电路中的电源和负载有对称和不对称的情况。本实验研究三相电源对称、负载对称和不对称时作星形联接时的电路工作情况。

4.3.3 实验设备(见表4.8)

表4.8 实验设备表

名　称	型　号	数　量
三相交流电源		
三相组合负载	D05	
交流电压表	JDV－24型	1
交流电流表	JDA－11型	1

4.3.4 实验任务与方法

实验线路图如图4.8所示。三相交流电源相电压为220 V，三相电源和三相负载都为星形联接方式。

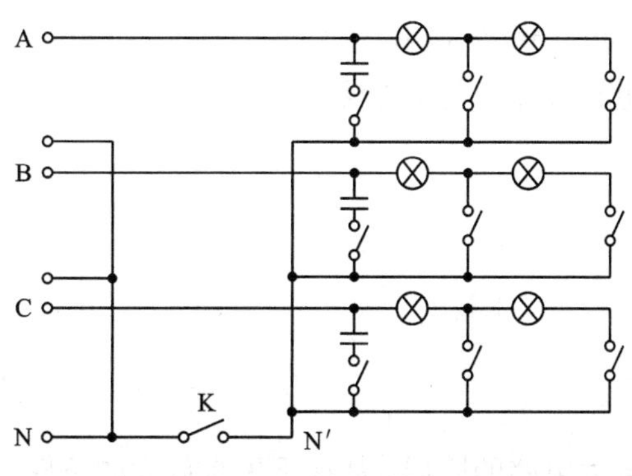

图4.8 实验线路

(1)用图4.8所示电路组成图4.7的相序器，判断三相电源的相序，并在实验电路图上标出。

(2)用图4.8所示电路测定对称负载、不对称负载有无中线时的线电压、相电压及流过负载的电流值，并记录在表4.9中(对称负载：每相用2个串联的40 W灯泡，不对称负载：A相接一个电容，C＝2F，B相接一个40 W的灯泡，C相接两个40 W的灯泡)。

(3)由实验结果说明三相三线制和三相四线制的特点，比较线电压与相电压、线电流与相电流的关系(有、无中线时)，并作出结论。

表4.9 三相星形联接电路测试记录表

实验内容＼待测数据		线电压/V			中点间电压/V	相电压/V			电流/A			中线电流/A
		U_{ab}	U_{bc}	U_{ca}	$U_{NN'}$	U_{aN}	U_{bN}	U_{cN}	I_a	I_b	I_c	I_N
负载对称	有中线											
	无中线											
负载不对称	有中线											
	无中线											

4.3.5 注意事项

由于只有一块电压表和电流表，在测各相数据时会频繁换接，每次换接电表测量数据前，三相电源要关闭(断电)，重新接好后检查无误方可通电。

4.4 晶体管共射极单管放大电路

4.4.1 实验目的

(1)学习晶体管放大电路静态工作点的测试方法，进一步理解电路元件参数对静态工作点的影响，及调整静态工作点的方法。

(2)掌握单级放大电路电压增益的测试方法。

(3)进一步熟悉常用电子仪器的使用方法。

4.4.2 实验设备

(1)智能模拟实验台

(2)数字万用表　　　　1块

4.4.3 预习要求

(1)熟悉共射极单管放大电路的原理，掌握不失真放大的条件。

(2)了解负载变化对放大电路电压增益的影响。

4.4.4 实验内容及步骤

1.测量并计算静态工作点

(1)实验电路如图4.9所示，按图接好线路，检查无误后，接通电源。

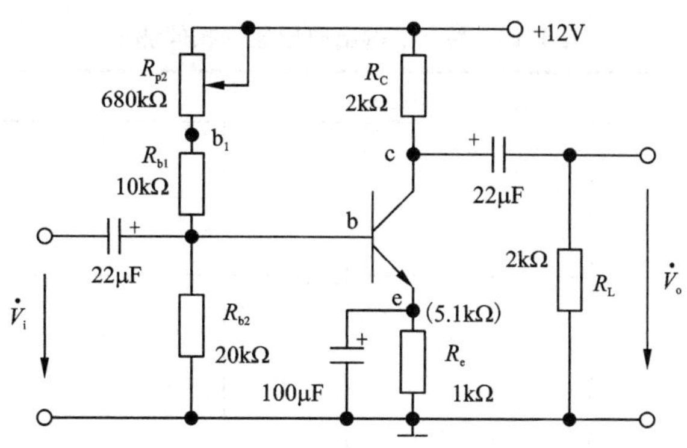

图 4.9　共射极单管放大电路

(2)将输入端对地短路，调节 R_{P2}，使 $V_C=8$ V，测量静态工作点 V_C、V_B、V_E 及 V_{b1} 的数值，填入表 4.10 中。

表 4.10　静态工作点测试记录表

调整 R_{P2}	测　量			计　算	
V_C/V	V_B/V	V_E/V	V_{b1}/V	I_C/mA	I_B/mA

(3)按下式计算 I_B、I_C，并记入表 4.10 中。

$$I_B=\frac{V_{b1}-V_B}{R_{b1}}-\frac{V_B}{R_{b2}}$$

$$I_C=\frac{V_{CC}-V_C}{R_C}$$

2. 测量电压放大倍数

观察输入、输出电压相位关系及观察负载电阻 R_L 对电压放大倍数的影响：

(1)在实验步骤 1 的基础上，把输入端与地断开，接入频率 $f=1$ kHz、有效值 $V_i=10$ mV 的正弦信号，负载电阻分别为 $R_L=2$ kΩ、$R_L=5.1$ kΩ 和 $R_L=\infty$，用毫伏表测量输出电压的值，在不失真的情况下计算电压放大倍数 $A_V=V_O/V_i$，结果填入表 4.11 中。

表 4.11　电压放大倍数测试记录表

R_L/Ω	V_i/mV	V_O/V	A_V
2 kΩ			
5.1 kΩ			
∞			

(2)用示波器观察输入电压与输出电压的波形，并比较输入电压和输出电压的相位，画波形于表 4.12 中。

表 4.12 输入、输出电压波形相伴测试

波 形
V_i → t V_0 → t

3. 观察 $R_C=3\ \text{k}\Omega$，$R_L=2\ \text{k}\Omega$ 时对放大电路的影响

在实验步骤 2 的基础上，把电阻 R_C 由 2 kΩ 改为 3 kΩ，重新测量电压放大倍数，将数据填入表 4.13 中。（V_i保持为 10 mV）

表 4.13 $R_C=3\ \text{k}\Omega$，$R_L=2\ \text{k}\Omega$ 时对放大电路的影响测试

R_C/kΩ	V_i/mV	V_O/V	A_V
3			

4. 计算输入电阻 R_i和输出电阻 R_O

按图 4.10 接线。

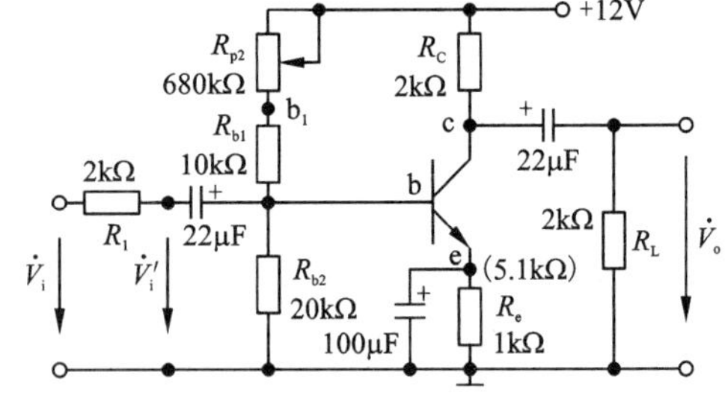

图 4.10 输入电阻、输出电阻测试图

(1) 接入频率 $f=1$ kHz、有效值 $V_i=10$ mV的正弦信号，分别测出 R_1两端的电压 V_i和 V_i'，按下式计算输入电阻 R_i：

$$R_i=\frac{V_i'}{V_i-V_i'}R_1$$

(2) 分别测出负载电阻 R_L开路时的输出电压 V_0和接入 R_L(2 kΩ)时的输出电压 V_0，然后按下式计算出输出电阻 R_O。

$$R_O=\frac{(V_\infty-V_O)}{V_O}R_L$$

(3) 测量数据及计算结果填入表 4.14。

表 4.14 输入电阻、输出电阻测试记录表

V_i/mV	V_i'/mV	R_i/Ω	V_∞/V	V_O/V	R_o/Ω

4.4.5 实验报告

(1)整理实验数据，填入表中，并按要求进行计算。
(2)总结电路参数变化对静态工作点和电压放大倍数的影响。

4.5 两级阻容耦合放大电路

4.5.1 实验目的

(1)学习两级阻容耦合放大电路静态工作点的调整方法。
(2)学习两级阻容耦合放大电路电压放大倍数的测量。
(3)学习放大电路频率特性的测定方法。

4.5.2 实验设备

(1)智能模拟实验台
(2)数字万用表　　　　　　1 块

4.5.3 预习要求

(1)熟悉单管放大电路，掌握不失真放大电路的调整方法。
(2)了解两级阻容耦合放大电路静态工作点的调整方法。
(3)复习两级阻容耦合放大电路电压放大倍数的计算。
(4)了解放大电路频率特性的基本概念。

4.5.4 实验电路原理图

两级阻容耦合放大电路的实验电路如图 4.11 所示。

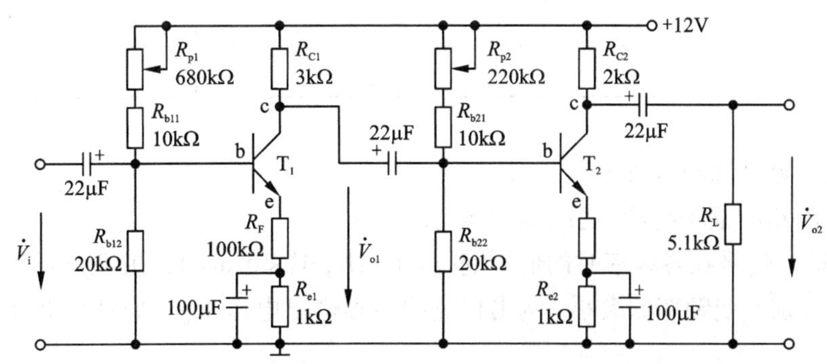

图 4.11　两级阻容耦合放大电路

＊注意：实验中如发现寄生振荡，可重新布线，尽可能用短线连接。

4.5.5 实验内容及步骤

1. 调整静态工作点

(1)调节电位器 R_{P1}，使 V_{C1} 为(6 ~7)V；调节电位器 R_{P2}，使 V_{C2} 为(6 ~7)V。

(2)从信号源输出正弦信号 V_i，频率为1 kHz，有效值小于5 mV(保证输出信号的波形不失真)。

(3)用示波器分别观察第一级和第二级放大器的输出波形，若波形有失真，则可适当减小输入信号，或少许调节 R_{P1} 和 R_{P2}，直到使两级放大器输出信号波形都不失真为止。

(4)断开输入信号，将输入端对地短接，用数字直流电压表分别测量第一级与第二级对地电位，将数据记入表4.15中。

表4.15 静态工作点调整测试记录表

第一级			第二级		
V_{C1}/V	V_{B1}/V	V_{E1}/V	V_{C2}/V	V_{B2}/V	V_{E2}/V

2. 测量电压放大倍数

输入信号不变(f=1 kHz，V_i <5 mV)，在保证输出信号不失真的情况下，按表4.16中给定的条件，分别测量放大器的第一级和第二级的输出电压 V_{O1} 和 V_{O2}，把数据记入表4.16中，并计算电压放大倍数 A_{V1} 和 A_{V2}，记入表4.16中。

表4.16 电压放大倍数测试记录表

	测试输入输出电压			计算电压放大倍数		
R_L	V_i/mV	V_{O1}/mV	V_{O2}/V	$A_{V1}=V_{O1}/V_i$	$A_{V2}=V_{O2}/V_{O1}$	$A_V=V_{O2}/V_i$
∞						
5.1 kΩ						

3. 测试放大电路幅频特性

测量放大电路的幅频特性一般采用逐点法。

(1)保持输入信号在各频率时的值不变(f=1 kHz，V_i <5 mV)，在 $R_L=\infty$ 和 $R_L=5.1$ kΩ两种情况下，分别改变频率的大小，测出相应的中频输出电压 V_{OM}，将相应频率记入表4.17和表4.18中。

表4.17 幅频特性测试记录(1)

f/kHz										
$R_L=\infty$	V_{O2}/V			$0.707\ V_{OM}$		V_{OM}		$0.707\ V_{OM}$		
	A_V									

表 4.18　幅频特性测试记录(2)

f/kHz										
$R_L=5.1\ \text{k}\Omega$	V_{O2}/V			$0.707\ V_{OM}$		V_{OM}		$0.707\ V_{OM}$		
	A_V									

(2)改变频率的大小，找出上下截止频率f_H和f_L(电压下降到中频电压V_{OM}的0.707倍时所对应的上限频率和下限频率)，在f_H和f_L两点左右应多测几点，并求出放大电路的带宽：$f=f_H-f_L$。

4.5.6　实验报告

(1)整理实验数据和波形，填入表中，并按要求进行计算。
(2)总结两级阻容耦合放大电路的特点。
(3)画出实验电路的幅频特性简图。

4.6　负反馈放大电路

4.6.1　实验目的

(1)熟悉负反馈放大电路性能指标的测试方法。
(2)通过实验加深理解负反馈对放大电路性能的影响。

4.6.2　实验设备

(1)智能模拟实验台
(2)数字万用表　　　　1块

4.6.3　预习要求

(1)熟悉单管放大电路，掌握不失真放大电路的调整方法。
(2)熟悉两级阻容耦合放大电路静态工作点的调整方法。
(3)了解负反馈对放大电路性能的影响。

4.6.4　实验电路

实验电路如图4.12所示。

4.6.5　实验内容及步骤

1. 调整静态工作点

连接A、B两点，使放大电路处于负反馈工作状态，经检查无误后接通电源。调整R_{P1}、R_{P2}，使$V_{C1}=(6\sim7)$V、$V_{C2}=(6\sim7)$V，测量各级静态工作点，填入表4.19中。

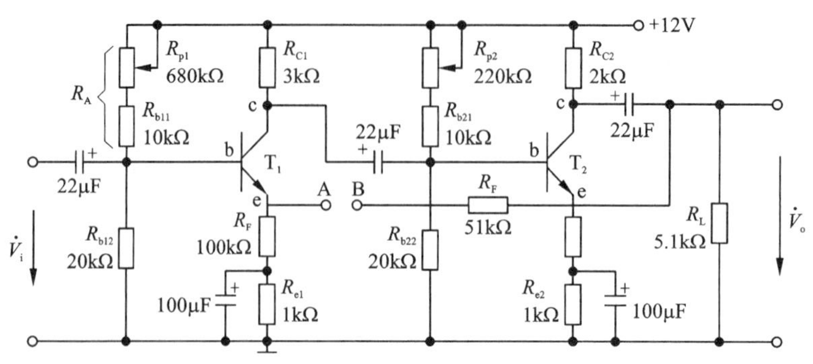

图 4.12 实验线路图

*注意：实验中如发现寄生振荡，可重新布线，尽可能用短线连接。

表 4.19 静态工作点测试记录表

待测参数	V_{C1}	V_{B1}	V_{E1}	V_{C2}	V_{B2}	V_{E2}	R_A	R_B
计算值								
测量值								
相对误差								

其中：相对误差 = [（计算值 − 测量值）/计算值] ×100%

2. 观察负反馈对放大电路电压增益的影响

（1）从信号源输出正弦信号 V_i，频率为 1 kHz，有效值小于 5 mV（保证输出电压波形不失真）。

（2）输出端不接负载，分别测量电路在无反馈（A、B 两点断开）和有反馈（A、B 两点接通）工作时，在空载的情况下的输出电压 V_O，同时用示波器观察输出电压波形（注意波形是否有失真，若有失真，减小输入信号 V_i，使波形无明显失真），并计算电路在无反馈和有反馈两种情况下工作时的电压增益 A_V，填入表 4.20 中。

（3）输出端接 R_L = 5.1 kΩ 的电阻，测量电路在无反馈和有反馈两情况下的输出电压 V_O，并计算电压增益，将结果填入表 4.20 中。

表 4.20 负反馈对放大电路电压增益的影响测试记录表

待测参数		V_i/mV	V_O/V	A_V（测量）	A_V（计算）
无反馈	$R_L = \infty$				
	R_L = 5.1 kΩ				
有反馈	$R_L = \infty$				
	R_L = 5.1 kΩ				

3. 观察负反馈对放大电路电压增益稳定性的影响

R_L = 5.1 kΩ，把电源电压 V_{CC} 由 12 V 改为 10 V，分别测量电路在无反馈和有反馈两种工作状态时的输出电压(注意波形是否有失真),计算电压增益,填入表4.21中。并计算电路电压增益的稳定度。稳定度可由下式计算:

$$增益稳定度=\frac{A_V(12\ V)-A_V(10\ V)}{A_V(12\ V)}\times 100\%$$

表4.21 负反馈对放大电路电压增益稳定性的影响测试记录表

待测参数	$V_{CC}=12$ V		$V_{CC}=10$ V	
	V_O/V	A_V	V_O/V	A_V
无反馈				
有反馈				

4. 观察负反馈对波形失真的影响

(1)电路无反馈(A、B点断开),$V_{CC}=12$ V,$R_L=5.1$ kΩ,逐渐加大输入信号的幅度,用示波器输出电压波形,使之出现临界失真状态(刚开始出现失真时的状态),用毫伏表测量输入电压 V_i、输出电压 V_O 及用示波器读取输出电压的峰-峰值 V_{OP-P},填入表4.22中。

表4.22 负反馈对波形失真的影响测试记录表

待测参数	V_i/mV	V_O/V	V_{OP-P}/V
无反馈	临界	临界	
有反馈	V_i与无反馈相同		
	临界	临界	

(2)电路接入反馈(连接A、B两点),其他参数不变,此时失真应消失。用毫伏表测量输入电压 V_i、输出电压 V_O 及输出电压的峰-峰值 V_{OP-P},填入表4.22中。

(3)逐渐加大输入信号的幅度,用示波器观察输出波形出现临界失真状态,用示波器读取输入电压 V_i、输出电压 V_O 及输出电压的峰-峰值 V_{OP-P},填入表4.22中。

4.6.6 实验报告

(1)整理实验数据,填入表中并按要求进行计算。

(2)将基本放大电路和负反馈放大电路动态参数的实测值与理论估算值进行比较。

(3)根据实验结果,总结电压串联负反馈对放大电路动态性能的影响。

4.7 组合逻辑电路的设计

4.7.1 实验目的

(1)掌握中规模集成电路译码器的工作原理及逻辑功能。

（2）学习译码器的灵活应用。

4.7.2 实验设备及器件

（1）SAC－SDⅡ－2 型数字逻辑电路实验台
（2）万用表 1 块
（3）74LS138 3－8 线译码器 2 片
（4）74LS20 双四输入与非门 1 片

4.7.3 实验内容与步骤

74LS138 的与非门组成逻辑电路见图 4.13。控制输入端 $S_1=1$，$S_2=S_3=0$，译码器工作，否则译码器禁止，所有输出端均为高电平。

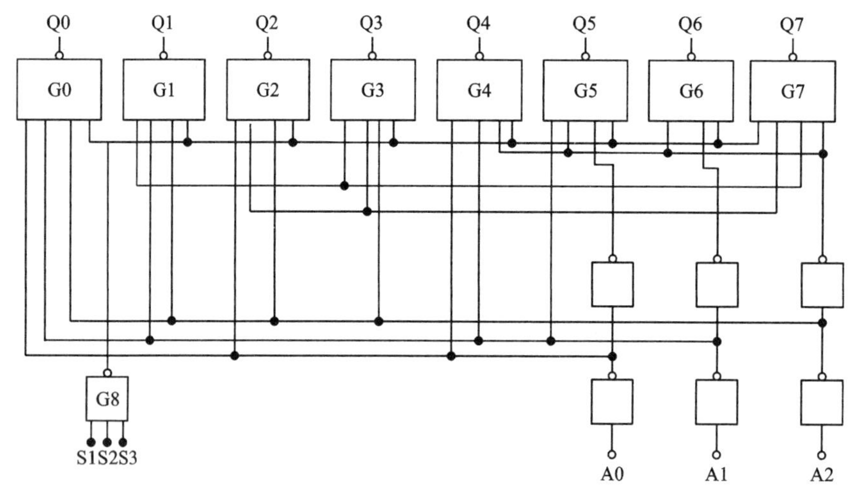

图 4.13 与非门组成的 3－8 译码器逻辑图

1. 译码器逻辑功能测试

（1）按图 4.14 接线。

（2）根据表 4.23，利用开关设置 S_1，S_2，S_3 及 A_2，A_1，A_0 的状态，借助指示灯或万用表观测 $Q_0 \sim Q_7$ 的状态，记入表 4.23。

2. 用两片 74LS138 组成 4－16 线译码器

按图 4.15 接线，利用开关改变输入 D_0-D_3 的状态，借助指示灯或万用表监测输出端，记入表 4.24 中，写出各输出端的逻辑函数。

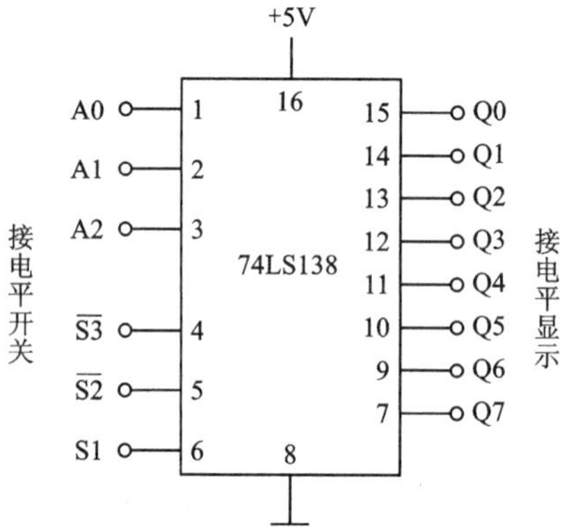

图 4.14 74LS138 功能测试电路

表 4.23　74LS138 功能测试记录表

输入						输出							
S1	S2	S3	A2	A1	A0	Q0	Q1	Q2	Q3	Q4	Q5	Q6	Q7
0	Φ	Φ	Φ	Φ	Φ								
Φ	1	1	Φ	Φ	Φ								
1	0	0	0	0	0								
1	0	0	0	0	1								
1	0	0	0	1	0								
1	0	0	0	1	1								
1	0	0	1	0	0								
1	0	0	1	0	1								
1	0	0	1	1	0								
1	0	0	1	1	1								

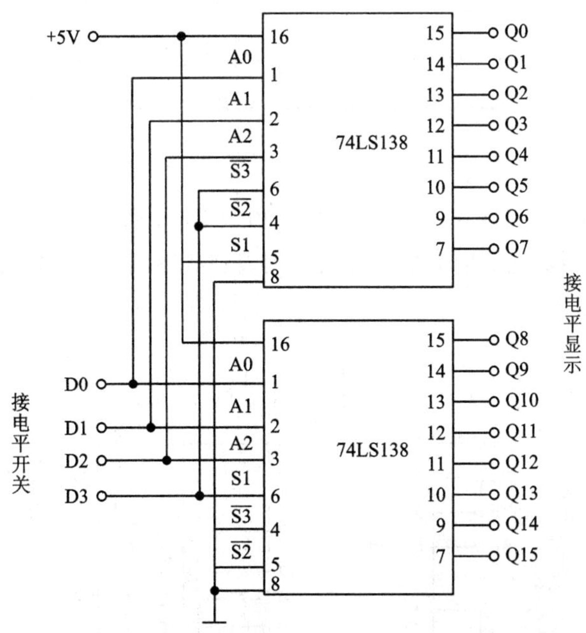

图 4.15　用两片 74LS138 组成 4－16 线译码器电路

表 4.24 用两片 74LS138 组成 4－16 线译码器测试记录

输入				输出															
D3	D2	D1	D0	Q0	Q1	Q2	Q3	Q4	Q5	Q6	Q7	Q8	Q9	Q 10	Q 11	Q 12	Q 13	Q 14	Q 15
0	0	0	0																
0	0	0	1																
0	0	1	0																
0	0	1	1																
0	1	0	0																
0	1	0	1																
0	1	1	0																
0	1	1	1																
1	0	0	0																
1	0	0	1																
1	0	1	0																
1	0	1	1																
1	1	0	0																
1	1	0	1																
1	1	1	0																
1	1	1	1																

3. 利用译码器组成全加器线路

用 74LS138 和 74LS20 按图 4.16 接线，74LS20 芯片 14 脚接 +5 V，7 脚接地。利用开关改变输入 A_i，B_i，C_{i-1}的状态，借助指示灯或万用表观测输出 S_i，C_i的状态，记入表 4.25 中，写出输出端的逻辑表达式。

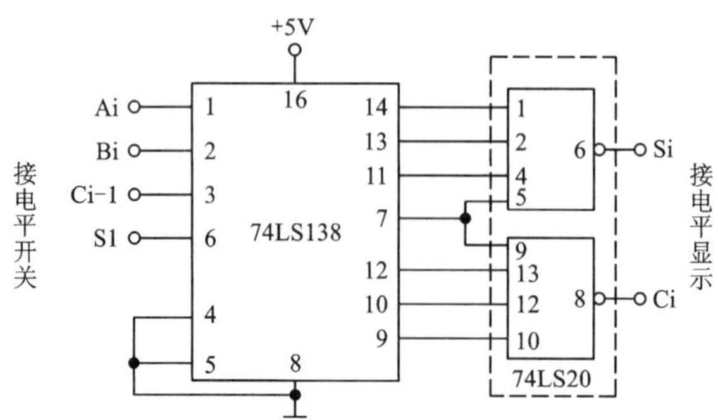

图 4.16 利用译码器组成全加器电路

表 4.25 利用译码器组成全加器测试记录表

输入				输出	
S_1	A_i	B_i	C_{i-1}	S_i	C_i
0	Φ	Φ	Φ		
1	0	0	0		
1	0	0	1		
1	0	1	0		
1	0	1	1		
1	1	0	0		
1	1	0	1		
1	1	1	0		
1	1	1	1		

4. 用 74LS138 设计实现逻辑函数

一个 3－8 线译码器能产生 3 变量函数的全部最小项，请用 74LS138 和 74LS20 设计电路，使其满足以下函数关系：

$$Z=\overline{D}(\overline{B}+C)(B+\overline{C})(\overline{A}+\overline{B})$$

4.7.4 试验要求

(1)整理各步实验结果，列出相应实测真值表。
(2)总结译码器的逻辑功能及灵活应用情况。
(3)交出完整实验报告。

4.8 触发器应用实验

4.8.1 实验目的

(1)掌握 D 触发器和 J－K 触发器的逻辑功能及触发方式。
(2)熟悉现态和次态的概念及两种触发器的次态方程。

4.8.2 实验设备及器件

(1)SAC－DS4 数字逻辑电路实验箱 1 个
(2)万用表 1 块
(3)74LS74 双 D 触发器 1 片
(4)74LS112 双 J－K 触发器 1 片

4.8.3 实验内容与步骤

1.74LS74D 触发器逻辑功能测试

(1)按图 4.17 接线。

(2)直接置位(S_d)端复位(R_d)端功能测试。

利用开关按表 4.26 改变$\overline{R_D}$，$\overline{S_D}$的逻辑功能状态(D，CP 状态随意)，借助指示灯或万用表观测相应的 Q，$\overline{Q}$ 状态，结果记入表 4.26 中。

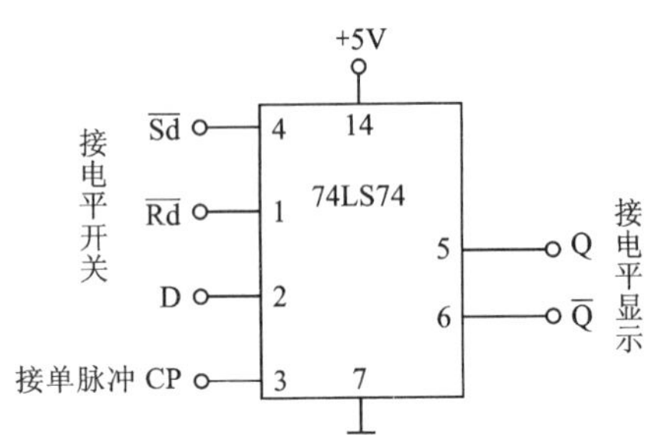

图 4.17 74LS74 功能测试图

表 4.26 74LS74 功能测试记录表

输入				输出	
CP	D	$\overline{S_d}$	$\overline{R_d}$	Q	$\overline{Q}$
Φ	Φ	1	1→0		
Φ	Φ	1	0→1		
Φ	Φ	1→0	1		
Φ	Φ	0→1	1		
Φ	Φ	0	0		

(3)D 与 CP 端功能测试。

从 CP 端输入单个脉冲，按表 4.27 改变开关状态。将测试结果记入表 4.27 中。

表 4.27 D 与 CP 端功能测试记录表

输入				输出 Q^{n+1}	
D	$\overline{R_d}$	$\overline{S_d}$	CP	原状态 $Q^n=0$	原状态 $Q^n=1$
0	1	1	0→1		
	1	1	1→0		
1	1	1	0→1		
	1	1	1→0		

2.74LS112 J－K 触发器逻辑功能测试

(1)按图 4.18 接线。

(2)直接置位($\overline{S_d}$)复位($\overline{R_d}$)功能测试。

利用开关按表 4.28 改变$\overline{S_d}$和$\overline{R_d}$的状态，J，K，CP 可以为任意状态，借用指示灯和万用表观察输出状态并将结果记入表 4.28 中。

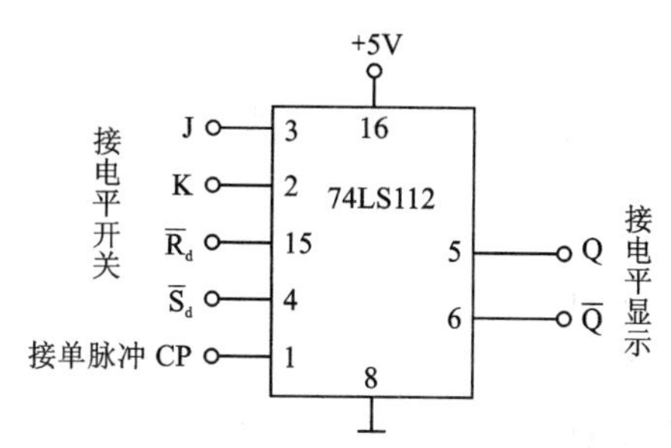

图 4.18　74LS112 J－K 触发器逻辑功能测试

表 4.28　74LS112 J－K 触发器逻辑功能测试

输入					输出	
CP	J	K	$\overline{R}_d$	$\overline{S}_d$	Q	$\overline{Q}$
Φ	Φ	Φ	1→0	1		
Φ	Φ	Φ	0→1	1		
Φ	Φ	Φ	1	1→0		
Φ	Φ	Φ	1	0→1		
Φ	Φ	Φ	0	0		

（3）翻转功能测试。

图4.18 中 CP 端加单脉冲，按表4.29 利用开关改变各端状态，借助指示灯及万用表观测输出端，状态记入表4.29。

表 4.29　翻转功能测试

输入					输出 Q^{n+1}	
J	K	$\overline{R}_d$	$\overline{S}_d$	CP	原状态 $Q^n=0$	原状态 $Q^n=1$
0	0	1	1	0→1		
				1→0		
0	1	1	1	0→1		
				1→0		
1	1	1	1	0→1		
				1→0		

4.8.4　实验要求

（1）整理实验数据，填好表格。
（2）分析各触发器功能。
（3）交出完整的实验报告。

4.9　555 时基电路及应用

4.9.1　实验目的

（1）熟悉 555 定时器的工作原理及逻辑功能。
（2）学习 555 定时器的应用。

4.9.2 实验设备及器件

(1)SAC－DS4 数字逻辑电路实验箱 1 个
(2)示波器 1 台
(3)555 集成定时器 1 片
(4)电阻 33 kΩ，100 kΩ 各 1 只
(5)电位计 100 kΩ 1 只
(6)电容 0.01 μF，0.02 μF 各 1 只

4.9.3 实验内容及步骤

555 定时器是由比较器 C_1 和 C_2、基本 RS 触发器和三极管 T_1 组成。这是一种多用途的集成电路，利用它能方便地接成施密特触发器、单稳态触发器和振荡器。

1. 用 555 定时器构成单稳态触发器

(1)按图 4.19 接线。

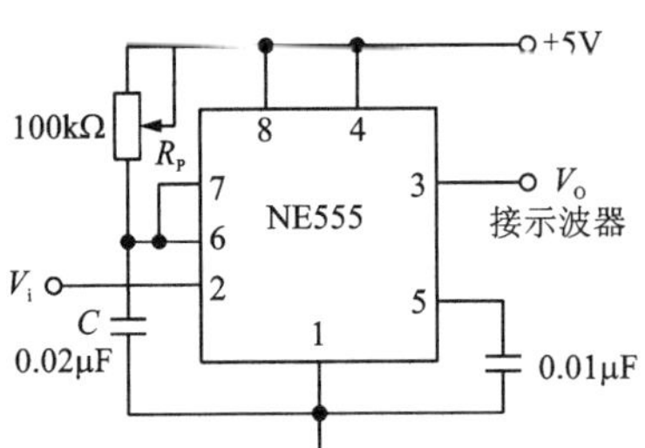

图 4.19 用 555 定时器构成单稳态触发器

(2)在 V_i 端输入频率为 10 kHz、幅度为 5 V 的方波信号用示波器观察并记录 V_i，V_C 和 V_O 波形，测出 V_O 脉冲宽度，与理论值进行比较，将测量结果记入表 4.30。

表 4.30 用 555 定时器构成单稳态触发器

波 形	V_O		
	周期	脉宽	峰－峰值
V_i —— t V_c —— t V_o —— t			

2. 用 555 定时器构成多谐振荡器

(1)按图 4.20 接好线，检查无误后，可接通电源。

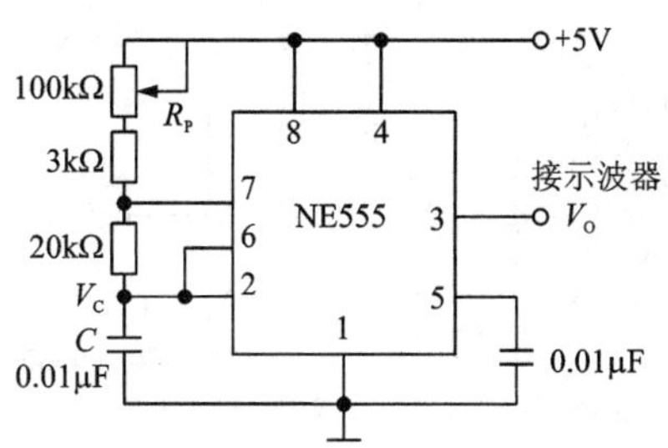

图 4.20　用 555 定时器构成多谐振荡器

(2)用示波器观察 3 脚和 6 脚的波形。

(3)改变可调电阻 R_P 的数值，观察输出波形的变化，注意 f_0 的变化，将测量结果记入表 4.31。

表 4.31　用 555 定时器构成多谐振荡器

电阻值	波　形	V_O		
		周期	脉宽	峰－峰值
$R_P = 50\ k\Omega$	V_c　t V_o　t			
R_P 增大	V_c　t V_o　t			
R_P 减小	V_c　t V_o　t			

3. 用 555 定时器构成占空比可调的方波发生器

(1)按图 4.21 接好线，检查无误后，可接通电源。

(2)调节 10 kΩ 电位器，用示波器观察 3 脚和 6 脚的波形变化。

4.9.4　实验要求

(1)熟悉并验证 555 定时器的工作原理。

(2)画出各要求实验点的波形图并进行分析。

(3)交出完整的实验报告。

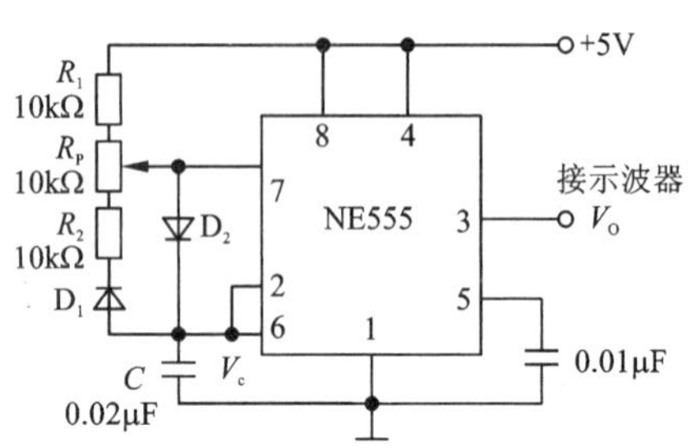

图 4.21　用 555 定时器构成占空比可调的方波发生器

4.10　电动机的启动控制电路实验

4.10.1　实验目的

(1)了解电磁接触器、配线切断器和按钮的结构及其在控制电路中的应用。
(2)学习电动机的启动控制电路的连接。

4.10.2　实验仪器和设备

(1)电磁接触器	1 台
(2)热继电器	1 个
(3)电动机	1 台
(4)开关	若干

4.10.3　实验线路及原理

(1)电磁接触器控制大量应用于对电动机的启动、停止等控制。它能按生产机械规定的要求动作，也能对电动机和生产机械进行保护。

(2)图 4.22 为电动机的启动控制电路图。

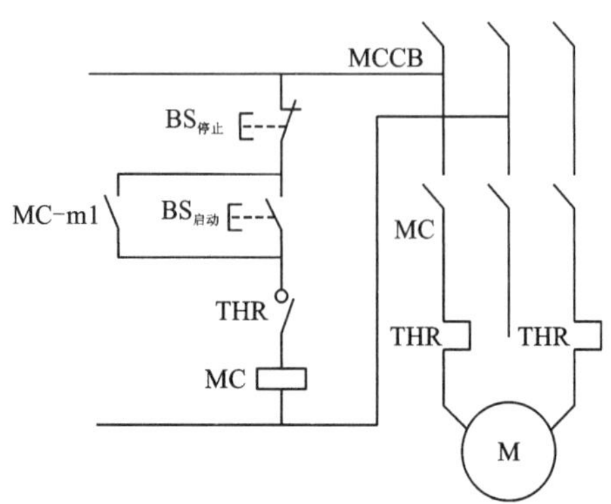

图 4.22　电动机启动控制电路图

4.10.4 实验内容及步骤

(1)在实验板上找到电磁接触器等实验主要器件，并了解其结构和动作原理。
(2)掌握基本电路的接线方法，用线径较粗的导线接主电路，用较细的导线接控制电路。
(3)电动机及其他主要器件线路连接好后，经老师检查后送电。

4.10.5 预习内容

复习异步电动机直接启动和正反转控制电路的工作原理。

4.10.6 实验报告

(1)报告实验课题：启动控制电路。
(2)设计并画出控制电路图，制作实际电路过程。
(3)说明实验中遇见的问题及解决办法。

4.11 8255 输出实验

4.11.1 实验要求

编写程序，以 8255 作为输出口，控制 8 个单色 LED 灯。

4.11.2 实验目的

(1)学习在单板方式下扩展简单 I/O 接口的方法。
(2)学习编制数据输出程序的设计方法。

4.11.3 实验电路及连线

PC0 ~ PC7 连 L0 ~ L7，如图 4.23 所示。

4.11.4 实验说明

8255 工作于方式 0，此时 PA、PB、PC 均为可独立输入/输出的并行口。8255 的各寄存器对应的口地址为：

PA 口：210H

PB 口：211H

PC 口：212H

8255 控制寄存器：213H

由于各 PC 机速度不同，为达到较好的实验效果，可适当调节 LED 亮灭的延时时间。

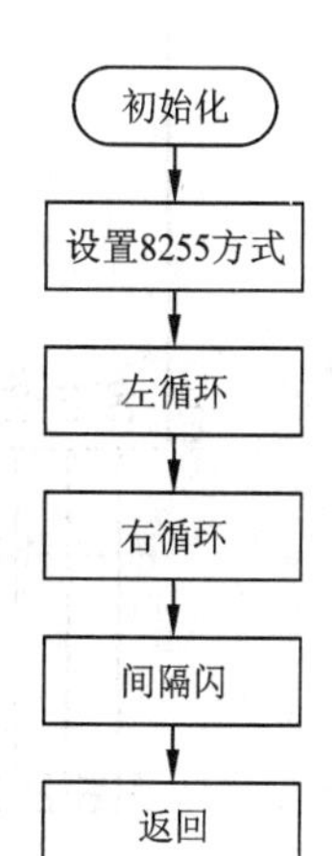

4.11.5 实验程序框图

示例程序见 8255PUT. ASM。

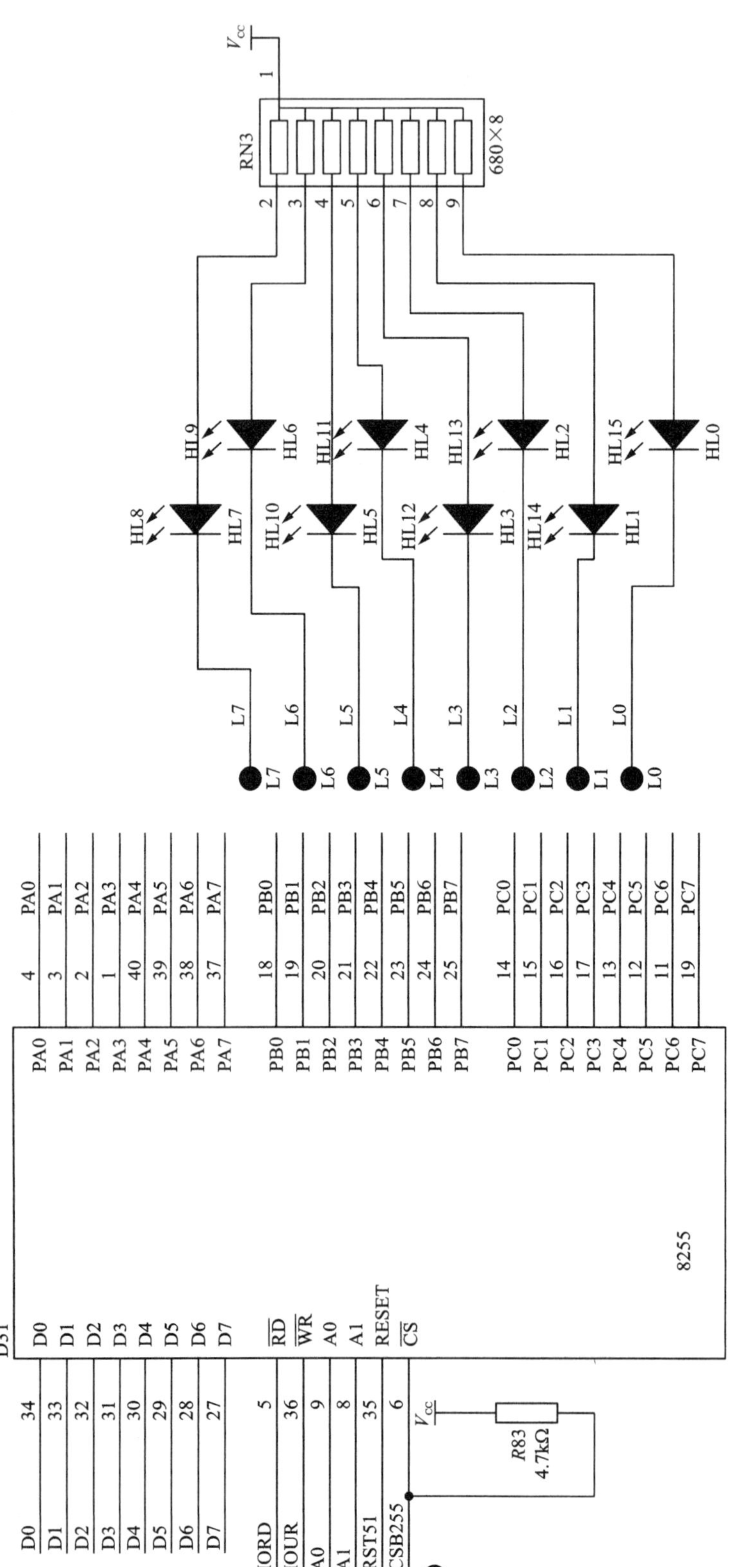

图 4－23　8255 输出实验电路图

4.12　8253 定时/计数器实验

4.12.1　实验要求

编程将 8253 的定时器 0 设置为方式 3(方波)，定时器 1 设置为方式 2(分频)，定时器 2 设置为方式 2(分频)。定时器 0 输出的脉冲作为定时器 1 的时钟输入。定时器 1 的时钟输出作为定时器 2 的输入，定时器 2 的输出接在一个 LED 上，运行后可观察到该 LED 在不停闪烁。也可用示波器观察各对应引脚之间的波形关系。

4.12.2　实验目的

了解 8253 定时器的硬件连接方法及时序关系。掌握 8253 的各种模式的编程及其原理，用示波器观察各信号之间的时序关系。

4.12.3　实验电路及线路(见图 4.24)

8253 中 GATE0、GATE1、GATE2 接 +5 V。

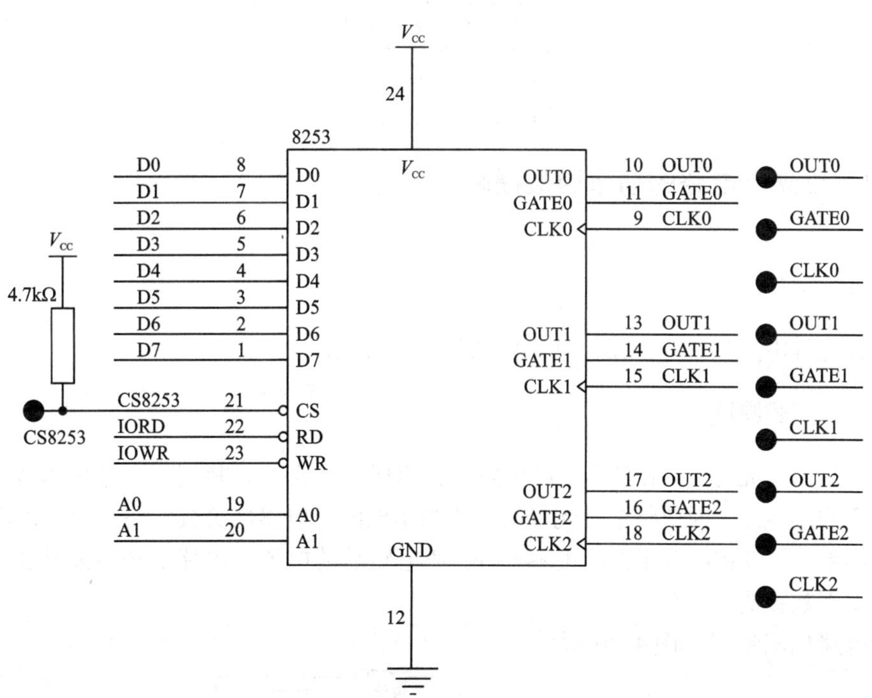

图 4.24　8253 定时/计数器实验电路图

4.12.4　实验说明

8253 的工作频率是 0 ~ 2 MHz，所以输入的 CLK 频率必须在 2 MHz 以下。

运行本程序后，用示波器观察 8253 的 OUT0、OUT1、OUT2 脚上的输出波形。同时可看到L1灯在不停闪烁。

4.12.5 实验程序框图

示例程序见8253_88. ASM。

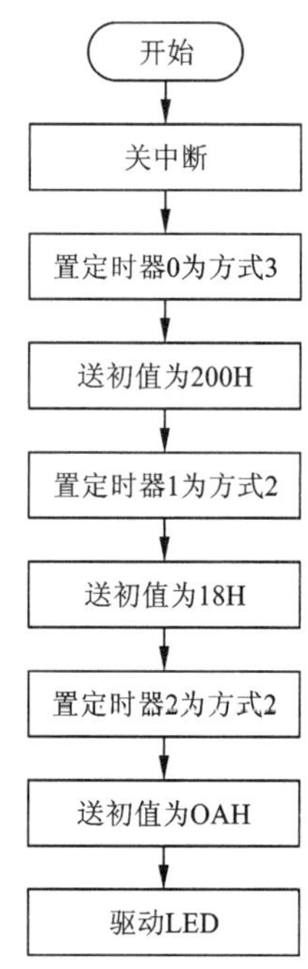

4.13 日光灯电路的功率因数提高

4.13.1 实验目的

学习日光灯电路的工作原理及功率因数提高的方法。

4.13.2 实验原理

日光灯是由日光灯管、镇流器、启辉器三者组成。日光灯管相当于一个电阻性负载，镇流器是一个铁芯线圈，因此整个日光灯电路相当于电阻和电感性负载电路。为了提高感性负载的功率因数，可以在电路中并上电容元件，使电路总的电压与电流的相位差减少，从而使电路的功率因数提高。

实验电路如图4.25、图4.26所示。

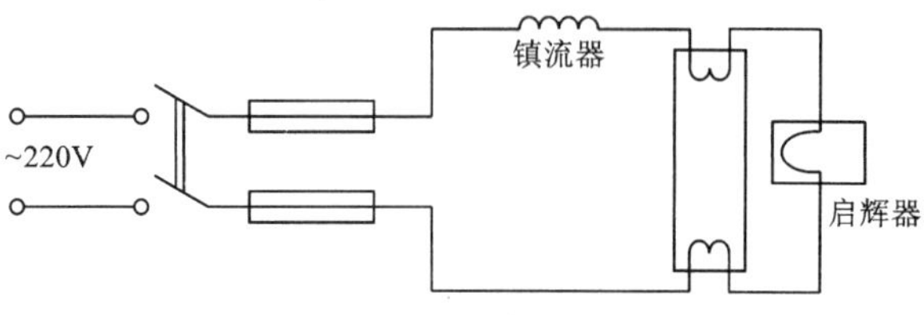

图4.25 日光灯电路图

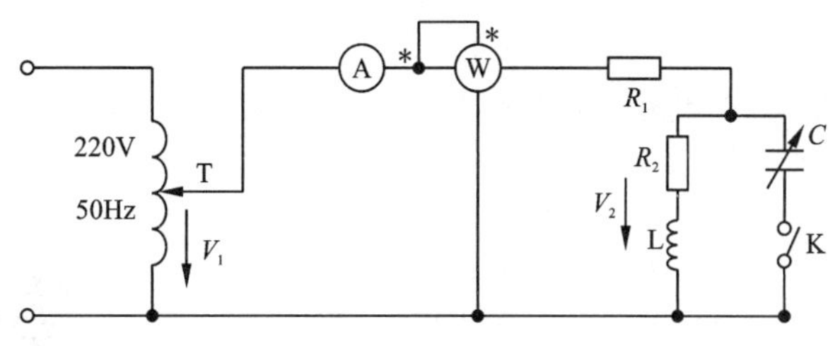

图 4.26 实验参考电路图

4.13.3 实验设备

(1)单相交流可调电源	2KVA	1 台
(2)功率表	JDW－32 型	1 块
(3)交流电流表	JDA－11 型	1 块
(4)交流电压表	JDV－24 型	1 块
(5)电阻	D01	1 个(20 Ω)

4.13.4 实验任务与方法

(1)参考实验电路图 4.23，设计一个实验电路图，用调压器作为电源，R_1模拟输电线路的阻抗(取 20 Ω)，在 $V_2=40$ V 不变的条件下，在 0～10 μF 范围内改变电容 C 值，测出对应的 V、I、P 值，算出：

$$\cos\varphi=\frac{P_2}{P_1 I},\ \eta=\frac{P_2}{P_1}$$

(2)以电容量作横坐标，作出 $\cos\varphi=f(c)$，$\eta=f(c)$曲线，并说明曲线为什么是这种变化趋势?

4.13.5 注意事项

(1)实验是在 V_2不变的条件下进行，每当电容 C 改变时，都要调节调压器输出电压，保持 V_2不变，然后读取 I、P 值。

(2)效率 η 的计算：

$$\eta=\frac{p_2}{p_1}$$

P_1是图 4.24 中功率表的读数，代表电源送出的功率。

P_2是在负载 R_2和 L 上得到的功率，在图 4.24 中未直接测出，可由 $P_2=P_1-I^2R_1$算出，I 是电流表计数的数据，R_1是已知电阻值，因 V_2不变，则只需算出一个 P_2即可。其实 P_1也可由功率表直接读数得出。在 $R_1=0$，$C=0$，$V_2=40$ V 条件下，功率表的读数就是 P_2值。

(3)调压器的输出电压由 0 开始慢慢增加，实验后，调压器输出电压退回 0 位置。另外，要注意调压器的正确接法。

4.13.6 思考问题

(1)实验前先分析一下 $\cos\phi=f(c)$，$\eta=f(c)$曲线是怎样的？再判断一下 I、P 值如何随电容 C 变化。

(2)为什么要用并联电容的方法提高功率因数？串联电容行不行？试分析之。

第5章 综合性实验

5.1 基尔霍夫定律和叠加定理实验

5.1.1 实验目的

(1)了解实验室的电源，学会万用表的使用。

(2)用实验的方法验证基尔霍夫定律和叠加原理的正确性，加深对参考方向的理解。

5.1.2 实验原理及说明

1. 基尔霍夫定律

基尔霍夫电流定律是用来确定连接在同一点上的各支路电流间的关系的。由于电流的连续性，电路中的任一点(包括节点在内) 均不能堆积电荷。因此，任何时刻，流入某一节点的电流之和应该等于流出该节点的电流之和，即 $\sum \dot{I}_{入} = \sum \dot{I}_{出}$。或者说，任何时刻，任一节点上电流的代数和恒等于零。即：$\sum \dot{I} = 0$，其中，如果规定正方向向着节点的电流取正号，则背着节点的就取负号。

基尔霍夫电压定律是用来确定回路中各段电压间的关系的。如果从回路中任意一点出发，以顺时针方向或逆时针方向沿回路绕行一周，则在这个方向上的电位升之和应该等于电位降之和，回到原来的出发点时，该点的电位是不会发生变化的。因此，任何时刻，沿任一回路绕行方向，回路中各段电压的代数和恒等于零。即：$\sum \dot{U} = 0$，其中，如果按绕行方向电位升取正号，则电位降就取负号。

2. 叠加原理

在线性电阻电路中，任何一条支路中的电流(或支路电压)，都可以看成是由电路中各个独立电源(电压源或电流源)单独作用时，在此支路中产生的电流(或电压)的代数和。线性电路的这一性质称为叠加原理。叠加原理不适用于非线性网络，也不适用于线性网络的功率计算。在运用该原理进行叠加的过程中，应注意电流、电压的参考方向，求和时要注意电流和电压的正、负符号。

5.1.3 实验线路图

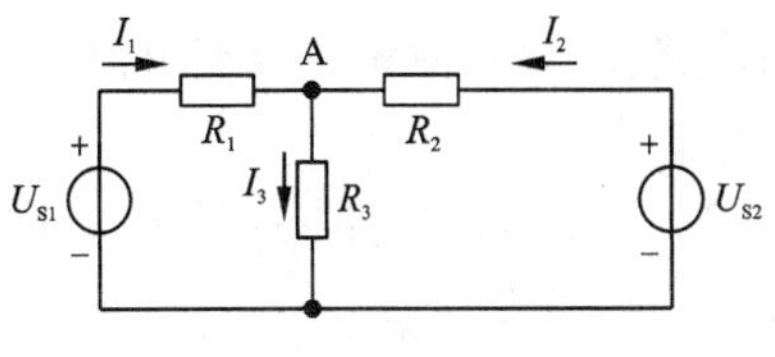

图5.1 电路原理图

为了验证基尔霍夫定律和叠加定理，我们设计了一个电路，如图5.1所示。该电路是由两个独立的电压源共同作用的。如果要求电路中某一元件上的电流或电压，可以分别求出U_{S1}、U_{S2}单独作用时(注：其他电源，如果是恒压源将其短路；如果是恒流源，将其开路)，在该元件上流过的电流或电压，然后再叠加。叠加后的电流或电压应该等于两个电源共同作用时在该元件上产生的电流或电压。同时$I_1+I_2=I_3$，流入节点A的电流应该与流出节点A的电流大小相等。如对外围回路，应该有：$I_1R_1-I_2R_2=U_{S1}-U_{S2}$，而且沿电路中任何一回路，电位升之和应该等于电位降之和。这就验证了基尔霍夫定律。

实验线路如图5.2所示。

图中K_1、K_2是双置开关，当K_1倒向电源1，K_2倒向短路2，该电路由U_{S1}单独作用；当K_1倒向短路2，K_2倒向电源1，该电路由U_{S2}单独作用；当K_1、K_2同时倒向电源1时，则电路由U_{S1}、U_{S2}共同作用。

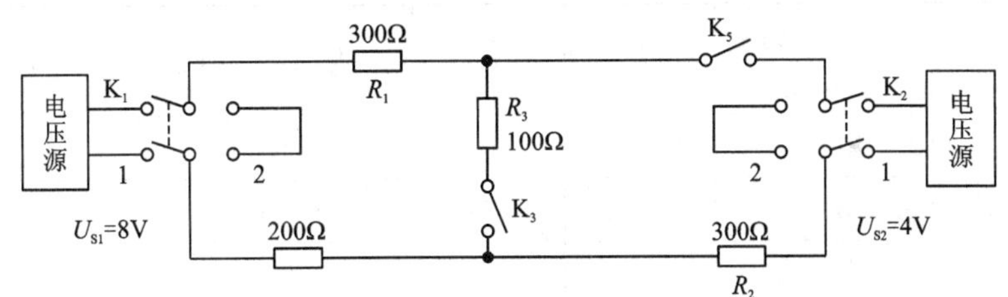

图5.2 实验线路图

5.1.4 实验设备

(1)双路输出稳压电源	JW-5	1台
(2)直流毫安表	C46-mA	1块
(3)万用电表	500型	1块
(4)电路实验板	自制	1块

5.1.5 实验步骤

1. 验证基尔霍夫定律

(1)按图5.2接好线(K_3闭合，K_5闭合)，先将K_1、K_2都合向短路一边，将稳压电源调到$U_{S1}=8$ V，$U_{S2}=4$ V。

(2)将K_1、K_2都合向电源一侧，分别测量电阻R_1、R_2、R_3上的电流I_1、I_2、I_3，填入表5.1中，并验证电流定律。

(3)用万用表分别测量电阻R_1、R_2、R_3两端的电压U_{R1}、U_{R2}、U_{R3}，填入表5.1中，并分别取回路Ⅰ，回路Ⅱ验证电压定律。

2. 验证叠加定理

(1)按图5.2接线，稳压电源保持$U_{S1}=8$ V，$U_{S2}=4$ V，先将K_1合向电源U_{S1}的一侧，K_2合向短路2，分别测量各支路电流I_1、I_2、I_3及电阻R_1、R_2、R_3两端的电压U_{R1}、U_{R2}、U_{R3}，填入表5.2中。

(2)把K_1合向短路一侧，K_2合向电源U_{S2}，分别测量电流I_1、I_2、I_3以及电压U_{R1}、U_{R2}、U_{R3}，填入表5.2中。

(3)把K_1、K_2同时合向电源侧，分别测量I_1、I_2、I_3及U_{R1}、U_{R2}、U_{R3}，填入表5.2中。

注意：毫安表的极性不要接错，对电表所读的数据应根据选定的参考方向冠以正、负号。

表5.1 基尔霍夫定律实验数据

电阻 / 被测值	R_1	R_2	R_3
I			
U_R			

表5.2 叠加定理试验数据

被测值 / 工作状态	I_1	I_2	I_3	U_{R_1}	U_{R_2}	U_{R_3}
$U_{S1}=8$ V单独作用						
$U_{S2}=4$ V单独作用						
$U_{S1}=8$ V，$U_{S2}=4$ V共同作用						
代数和(叠加)						
共同作用与叠加之间的误差						

5.1.6 回答问题

(1)根据实验数据验证基尔霍夫定律和叠加原理的正确性。

(2)分析U_{S1}、U_{S2}共同作用时的测量结果与U_{S1}、U_{S2}分别单独作用时叠加值之间产生误差的原因。

5.2 交流参数的测定

5.2.1 实验目的

(1)学习测定交流电路参数的方法，并加深理解R、L、C在交流电路中的作用。

(2)学习交流电压表、交流电流表及功率表的使用方法。

5.2.2　实验原理及说明

(1)交流电路中，元件的阻抗可以用交流电压表、电流表及功率表来测定，称为三表法。交流阻抗 $Z=R+\mathrm{j}X$，若将它接到正弦交流电源上(见图 5.3)，当测出电压有效值 U，电流有效值 I，及有功功率 P 时，则由阻抗三角形求出：

$$|Z|=\frac{U}{I},\ \cos\phi=\frac{P}{IU},\ R=\frac{P}{I^2}\cos\phi,\ X=\sqrt{Z^2-R^2}$$

(2)在交流电路中，电量有瞬时值、最大值、有效值、复数有效值(即相量)之分，它们含义是各不相同的。它们之间既有联系，又有区别，瞬时值、复数有效值满足基尔霍夫定律。即：$\sum i(t)=0$；$\sum \dot{I}=0$；$\sum u(t)=0$；$\sum \dot{U}=0$；但有效值不满足基尔霍夫定律，即：$\sum I\neq 0$，$\sum U\neq 0$。如图 5.4 所示。

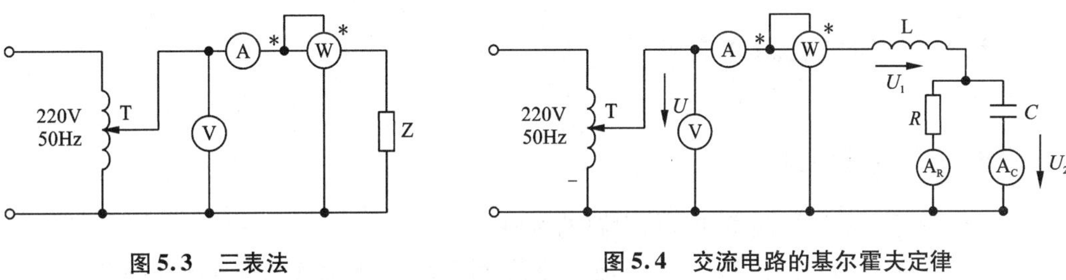

图 5.3　三表法　　　　图 5.4　交流电路的基尔霍夫定律

5.2.3　仪器及设备(见表 5.3)

表 5.3　仪器及设备表

名　称	型　号	数　量
单相交流可调电源		1
交流电流表	JDA－11 型	1
交流电压表	JDV－24 型	1
低功率因数瓦特表	JDW－32 型	1
滑线电阻	D01(50 Ω、2.5 A)	1
电容器	D06	9.9 μF
电感线圈	D04(互感线圈原边)	1

5.2.4　实验任务

(1)分别以滑线电阻、电感线圈、电容箱作为被测元件，用图 5.3 电路测出 U、I、P，然后算出对应的 R、X 及 $\cos\phi$。

(2)用上面的 R、L、C 组成图 5.4 所示电路，测出其中 U、U_1、U_2及 I、I_R、I_C、P，并验证

$$\begin{cases}U=U_1+U_2\\I=I_R+I_C\end{cases}及\begin{cases}\dot{U}=\dot{U}_1+\dot{U}_2\\\dot{I}=\dot{I}_R+\dot{I}_C\end{cases}。$$

5.2.5 实验注意事项

(1)调压器的正确接法，接线前，必须把手柄归零，然后按照要求步骤由零增加，每次使用完后，把电压退回零位置。

(2)本次实验电流不得超过元件允许值，电感线圈不超过 0.3 A，滑线电阻不得超过2.5 A。

5.2.6 实验报告

(1)根据测试数据，计算交流电路中各元件的参数；

(2)根据交流电路中各元件的性质，试画出电路图 5.4 中 $\dot{U}$，$\dot{U}_1$，$\dot{U}_2$，$\dot{I}_R$，$\dot{I}$，$\dot{I}_C$ 的相量图。

5.3 一阶电路瞬态响应

5.3.1 实验目的

(1)学习用示波器观察和分析电路的响应。

(2)研究 RC 电路在零输入和方波脉冲激励情况下，响应的基本规律和特点。

5.3.2 实验原理说明

(1)含有 L、C 储能元件的电路，其响应可由微分方程求解，凡是可用一阶微分方程描述的电路，称为一阶电路。一阶电路通常由一个储能元件和若干个电阻元件组成。

(2)储能元件初始值为零的电路对激励的响应称为零状态响应。

图 5.5 所示电路，合上开关 K，直流电源经 R 向 C 充电，由方程：

$$U_C + RC\frac{\mathrm{d}U_C}{\mathrm{d}t} = U_\mathrm{S} \quad t \geqslant 0$$

初始值 $U_C(0_-)=0$，可得零状态响应为：

$$U_C(t) = U_\mathrm{S}(1 - \mathrm{e}^{-t/\tau}) \quad t \geqslant 0$$

$$I_C(t) = \frac{U_\mathrm{S}}{R}\mathrm{e}^{-t/\tau} \quad t \geqslant 0$$

式中：$\tau = RC$ 称为时间常数，它是反映电路过渡过程快慢的物理量，τ 越大，过渡过程时间越长，反之 τ 越小，过渡过程的时间越短。

(1)电路在无激励情况下，由储能元件的初始状态引起的响应称为零输入响应。

图 5.6 电路在 $t=0$ 时断开 K。电容 C 的初始电压 $U_C(0_-)$经 R 放电，由方程

$$U_C + RC\frac{\mathrm{d}U_C}{\mathrm{d}t} = 0 \quad t \geqslant 0$$

初始值 $U_C(0_-)=U_0$，可得零状态响应为

$$U_C(t) = U_C(0_-)\mathrm{e}^{-t/\tau} \quad t \geqslant 0$$

$$I_C(t)=\frac{U_C(0_-)}{R}e^{-t/\tau}\quad t\geqslant 0$$

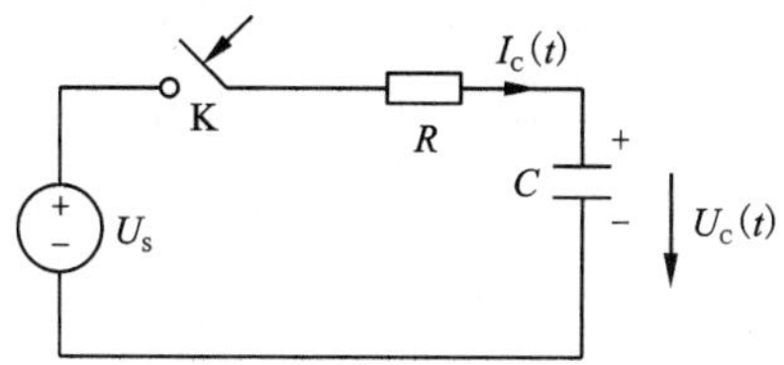

图5.5 零状态一阶电路

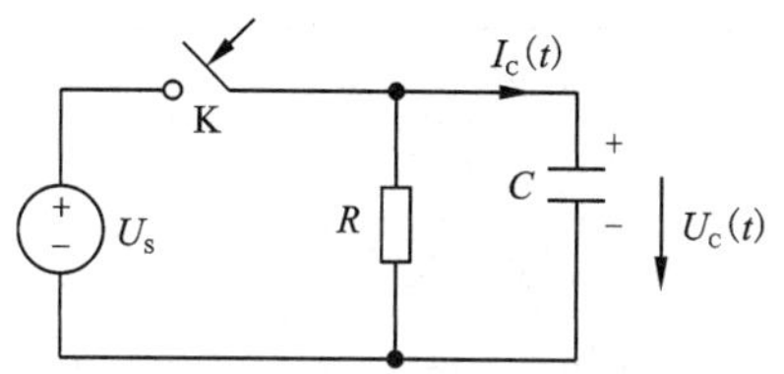

图5.6 零输入一阶电路

(2)电路在输入激励和初始状态共同作用下引起的响应称为全响应，如图5.5所示的电路中，电容有初始储能，初始值为 $U_C(0_-)$，当 $t=0$ 时合上K，可得：

$$U_C(t)=U_S(1-e^{-t/\tau})+U_C(0_-)e^{-t/\tau}\quad t\geqslant 0$$

零状态分量　零输入分量

$$=[U_C(0_-)-U_S]e^{-t/\tau}+U_S\quad t\geqslant 0$$

自由分量　强制分量

$$I_C(t)=\frac{U_S}{R}e^{-t/\tau}-\frac{U_C(0_-)}{R}e^{-t/\tau}\quad t\geqslant 0$$

零状态分量　零输入分量

$$=\frac{U_S-U_C(0_-)}{R}e^{-t/\tau}\quad t\geqslant 0$$

自由分量

(3)RC 电路在方波脉冲激励下的响应，当电路的时间常数 τ 远小于方波周期时，可视为零状态响应和零输入响应的多次过程。方波的前沿相当于电路一个阶跃输入，其响应就是零状态响应，方波的后沿相当于电容具有初始值 $U_C(0_-)$ 时把电源和短路置换，电路响应转换成零输入响应，如图5.7所示。

为了清楚地观察到响应的全过程，可使时间常数 τ 与方波周期 T 保持5∶1左右的关系。

RC 电路充放电时间常数 τ 可以从响应波形中估算出来。设定时间坐标单位 t 确定，对于充电曲线[图5.8(a)]，幅值上升到终值的63.2%所对应的时间即为一个 τ，对于放电曲线[图5.8(b)]，幅值下降到初值的36.8%所对应的时间即为一个 τ。

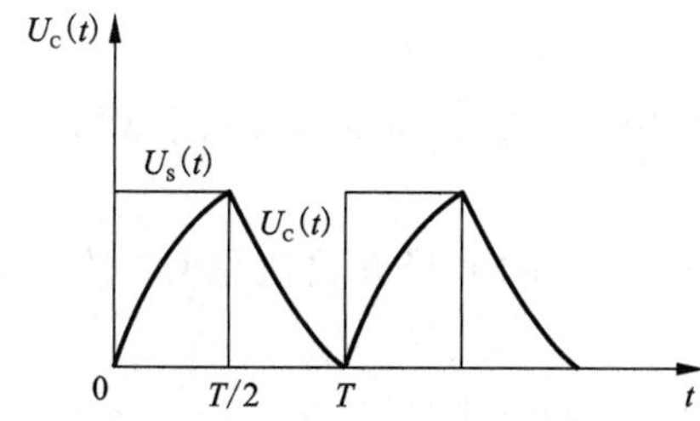

图5.7 一阶电路的响应曲线

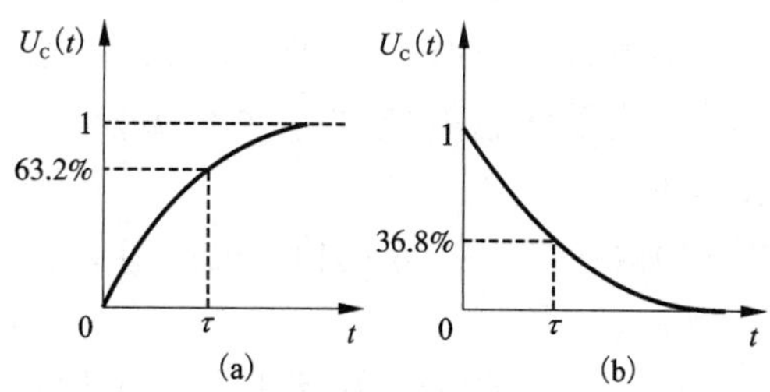

图5.8 RC 充放电曲线

(a)RC 充电曲线；(b)RC 放电曲线

5.3.3 实验设备(见表5.4)

表5.4 实验设备表

名称	数量	备注
稳压、稳流源	1	
全智能函数发生器	1	
电阻、电容	若干	
示波器	1	

5.3.4 实验内容及步骤

1. 研究 *RC* 电路零输入响应与零状态响应

(1)按图5.9接线，U_S为直流稳压源，$U_S=10$ V，*r* 为电流取样电阻，用330 Ω、2 W固定电阻，$R=2$ kΩ、2 W固定电阻，*C* 用1000 μF电容。响应过程为(4 ~5)τ 的时间。现 $\tau=RC=2.2$ s，估计11 s瞬变过程基本结束。

表5.5 零状态响应

$U_S=10$ V　　$R=2$ kΩ　　$C=1000$ μF					
零状态响应			零输入响应		
$U_C(t)$	$I_C(t)$	估算 τ 值	$U_C(t)$	$I_C(t)$	估算 τ 值
$U_S=5$ V　　$R=1$ kΩ　　$C=1000$ μF					

(2)开关K首先置于位置2，即 *C* 的初始储能 $U_C(0_-)=0$，在 $t=0$ 瞬间将K投向1，即可用双踪示波器在 Y_1 和 Y_2 端观察到零状态响应时的 $U_C(t)$ 和 $I_C(t)$ 波形。描绘出此时的波形，记入表5.5中。

(3)电路达到稳态以后，开关K再由位置1转到位置2，此时电容已有初始储能 $U_C(0_-)=U_S$，当开关K合到位置2时，电容 *C* 的初始储能经 *R* 和 *r* 放电。此时从示波器上可观察到零输入响应时的波形 $U_C(t)$ 和 $I_C(t)$，描绘出它们的波形，记入表5.5中。

(4)从零状态响应和零输入响应的波形中估算出 *RC* 电路充放电时间常数，记入表5.5中。

(5)改变 U_S，*C*，*R* 的值，观察和描绘出 $U_C(t)$ 和 $I_C(t)$ 的波形并再次估算 τ 值，记入表5.5中。

当宽度为 t_w 的矩形脉冲作用于图5.10所示 *RC* 电路时，若电路时间常数 $\tau=RC\ll t_w$，则其输出电压波形为正、负尖脉冲。由于输出电压 $u_O(t)$ 与输入电压 $u_i(t)$ 呈微分关系，该电路称为微分电路。若该电路的时间常数 $\tau\gg t_w$，则该电路将隔断输入电压中的直流分量而只传输交流分量，称为耦合电路。

2. 研究 RC 电路的方波脉冲响应

(1) RC 微分电路。

1) 实验线路如图 5.10 所示，注意此时应将函数发生器上波形选择量置方波位置，输出端接示波器(注意公共端接地)。

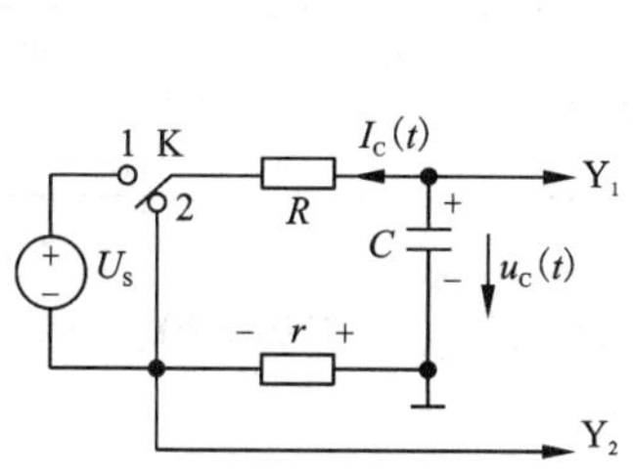

图 5.9 RC 响应测试电路

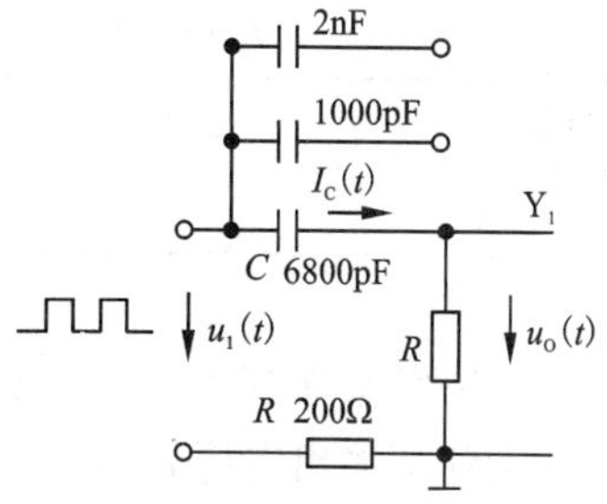

图 5.10 RC 微分电路

2) 接通函数发生器，使其输出电压幅值为 5 V，改变输出方波信号频率，使其为 100 Hz，1 kHz，10 kHz 等方波，观察输入电压和输出电压波形以及在方波激励下的 $I_C(t)$ 波形以及 C，R 两端的电压波形，记入表 5.6 中。

表 5.6 RC 微分电路

$R=10\ \text{k}\Omega$　　$C=6800\ \text{pF}$　　$\tau=$　　μs

方波信号	100 Hz	1 kHz	10 kHz	10 kHz
输入波形 $U_i(t)$				
输出波形 $U_o(t)$				
$I_C(t)$波形				

3) 使方波频率保持为 10 kHz，改变图 5.11 中的电容值，分别为 2 μF 和 1000 pF，6800 pF 时观察输出电压波形，记入表 5.7 中。

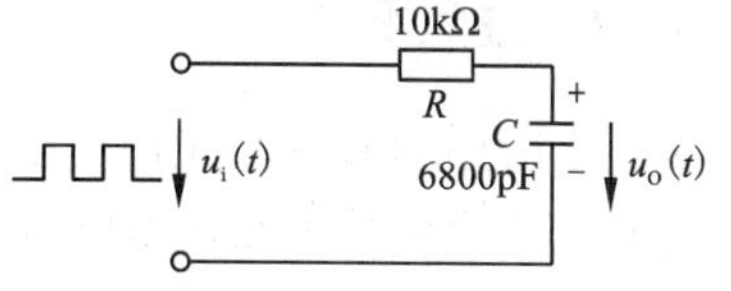

图 5.11 RC 积分电路

如果将图 5.10 中 R，C 元件位置对调，构成如图 5.11 所示电路，当 $\tau=RC\gg t_w$，$u_O(t)$ 近似等于 $u_i(t)$ 的积分，故把该电路称为积分电路，这样，积分电路在矩形脉冲激励下，其输出将是一个锯齿波信号。

表 5.7 改变电容的电路输出

C	1000 pF	6800 pF	2 μF
τ/s			
输出波形 $u_o(t)$			
$I_C(t)$波形			

(2)取 $R=10\ \text{k}\Omega$, $C=6800\ \text{pF}$, 构成图5.11所示积分电路。

1)使方波频率分别为20 kHz, 10 kHz, 1 kHz, 100 Hz, 观察输出电压波形, 记入表5.8中。

表5.8 *RC*积分电路输出数据

$R=10\ \text{k}\Omega$　　$C=6800\ \text{pF}$　　$\tau=$　　μs

频率	20 kHz	10 kHz	1 kHz	100 Hz
输出波形 $u_o(t)$				

2)使方波频率保持10 kHz, 改变实验线路中电容的值, 使电容值为6800 pF, 3300 pF, 1000 pF, 分别观察输出电压 $u_o(t)$ 波形, 记入表5.9中。

表5.9 方波频率为10 kHz时输出电压

$R=10\ \text{k}\Omega$　　$f=10\ \text{kHz}$　　$\tau=$　　μs

C/pF	6800 pF	3300 pF	1000 pF
τ/μs			
输出波形 $u_o(t)$			

5.3.5 实验总结

(1)根据电路参数计算 τ, 并与观察得到的电容器充放电变化曲线对应的 τ 进行比较。

(2)讨论时间常数对电容充放电速度的影响。

(3)对实验中所观察的各种波形进行分析, 总结 *RC* 微分电路和积分电路所需要的电路条件。

5.3.6 注意事项

实验中所用的电解电容是有正负极性的, 如果极性接反了, 漏电流会大量增加, 甚至会因为内部电流效应过大而烧毁电容, 使用时必须特别注意。

5.4 多级放大器的耦合比较实验

5.4.1 实验目的

(1)了解多级阻容耦合放大器、直接耦合放大器和变压器耦合放大器组成的一般方法。

(2)了解负反馈对放大器性能指标的改善。

(3)掌握两级放大器与负反馈放大器性能指标的调测方法。

5.4.2 实验原理

1. 阻容耦合放大器

(1)阻容耦合放大器。它是多级放大器中最常见的一种，其电路如图5.12所示。

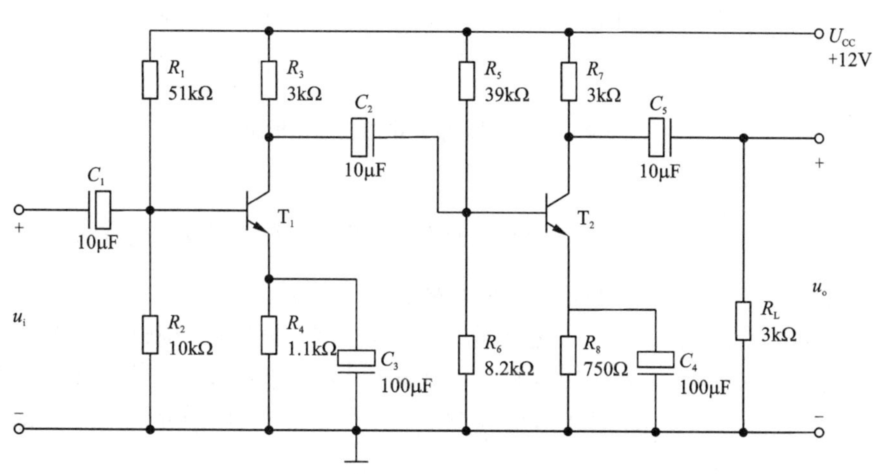

图5.12 阻容耦合放大器

这是一个典型的两级阻容耦合放大器。由于耦合电容 C_1、C_2、C_3 的隔直流作用，各级之间的直流工作状态是完全独立的，因此可分别单独调整。但是，对于交流信号，各级之间有着密切的联系，前级的输出电压就是后级的输入信号，因此两级放大器的总电压放大倍数等于各级放大倍数的乘积 $A_u = A_{u1} \cdot A_{u2}$，同时后级的输入阻抗也就是前级的负载。

(2)负反馈放大器。

1)负反馈电路的基本形式。

负反馈电路的形式很多，但就其基本形式来说可分四种：①电压串联负反馈；②电压并联负反馈；③电流串联负反馈；④电流并联负反馈。

在分析放大器中的反馈时，主要应抓住三个基本要素：

第一，反馈信号的极性。如果反馈信号是与输入信号反相的就是负反馈，反之则是正反馈。

第二，反馈信号与输出信号的关系。如果反馈信号正比于输出电压，就是电压反馈；若反馈信号正比于输出电流，就是电流反馈。

第三，反馈信号与输入信号的关系。从反馈电路的输入端看，反馈信号(电压或电流)与输入信号并联接入称为并联反馈；串联接入称为串联反馈。

2)负反馈对放大器性能的影响。

负反馈能有效地改善放大器的性能，主要体现在输入电阻、输出电阻、频带宽度、非线性失真、稳定性等方面。但是放大器性能的改善是以降低其增益为代价的，因而在应用负反馈电路时，必须考虑电路性能改善的同时会引起电路增益的减小。

(3)放大器的输入电阻 R_i 及输出电阻 R_o。

放大器的输入电阻 R_i 是从放大器输入端看进去的等效电阻，定义为输入电压 u_i 和输入

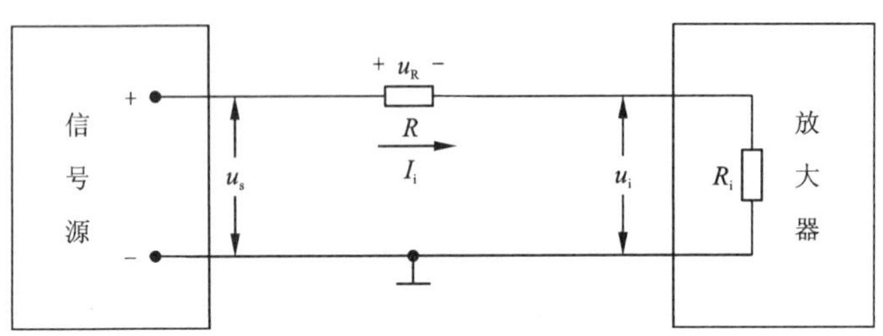

图 5.13 放大器的输入电阻及输出电阻

电流 i_i 之比，即：$R_i=\dfrac{u_i}{i_i}$。测量输入电阻 R_i 的方法很多，例如替代法、电桥法、换算法等等。本实验采用最常用的方法——换算法，测量电路如图 5.13 所示。

在信号源与放大器之间串入一个已知电阻 R，输入信号的频率调整在放大电路的中频段，而幅度调整到使输出不失真。用示波器监视输出波形，然后用晶体管毫伏表分别测 R 两端对地的交流电压 u_s 与 u_i，求得 R 两端的电压 $u_R=u_s-u_i$，流过电阻 R 的电流 i_R 即为放大电路的输入电流 $i_i=\dfrac{u_R}{R}=\dfrac{u_s-u_i}{R}$。根据输入电阻的定义有：

$$R_i=\frac{u_i}{i_i}=\frac{u_i}{u_R/R}=\frac{u_i}{u_s-u_i}\times R$$

放大器输出电阻 R_o 是将输入电压源短路时，从输出端向放大器看进去的等效电阻，其测量方法如图 5.14 所示。

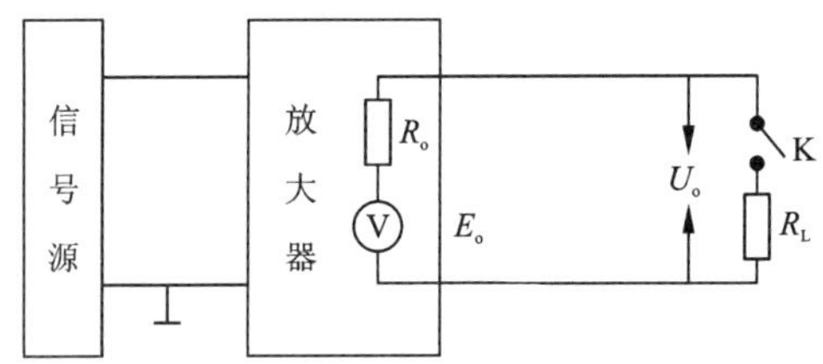

图 5.14 放大器输出电阻的测量方法

在放大器无外接负载时输出电压 u_o，然后接上负载时测出输出电压为 u_o'，根据下式求出输出电阻：

$$R_o=(\frac{u_o}{u_o'}-1)R_L$$

(4)放大器的幅频特性。

阻容耦合放大器中因有电抗元件存在，放大倍数随信号频率而变，高、低频段的放大倍数均会降低。放大器幅频特性曲线测试方法有两种：

1)逐点测试法。

维持输入信号电压 u_i 的幅度不变，改变输入信号频率，测量放大器的输出电压 u_o，计算对应于不同频率放大器的电压增益。由 $A_u=u_o/u_i$，便可得到放大器增益的幅频特性。由此可知，要测若干个点，才能求得曲线，故这种方法精度高，但比较烦琐。

2) 三点法。

此法用于精度要求不高、从简从快的情况。首先测出中频电压增益 A_u，然后增大或降低频率，将增益下降到中频增益的 0.707 倍(按分贝算即下降 3 dB)，测出此时所对应的上下限频率，f_H 与 f_L 之差就称为放大电路的通频带。即：

$$\Delta f_{0.7} = f_H - f_L$$

2. 直接耦合放大器

直接耦合放大器即放大器与信号源、负载以及放大器之间采用导线或电阻直接连接。

特点：低频响应好。可以放大频率等于零的直流信号或变化缓慢的交流信号。

(1) 直耦放大器的两个特殊问题。

1) 前后级的电位配合问题。

两级直耦放大电路如图 5.15 所示。

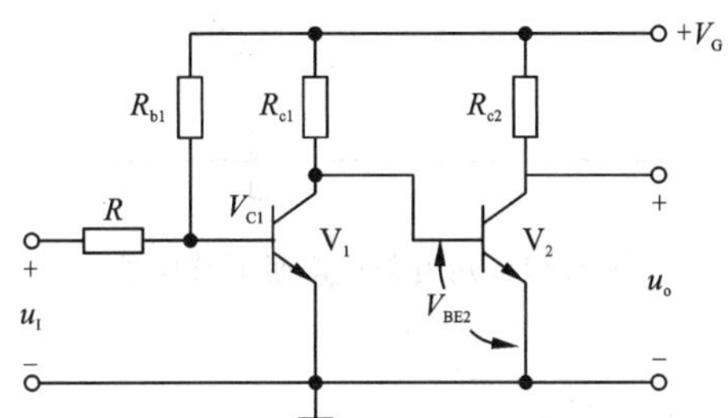

图 5.15　简单的直接耦合电路

由于 $V_{C1} = V_{BE2}$，而 V_{BE2} 很小，使 V_1 的工作点接近于饱和区，限制了输出的动态范围。因此，要想使直接耦合放大器能正常工作，必须解决前后级直流电位的配合问题。

2) 零点漂移问题。

零点漂移：在输入端短路时，输出电压偏离起始值，简称零漂。如图 5.16 所示。

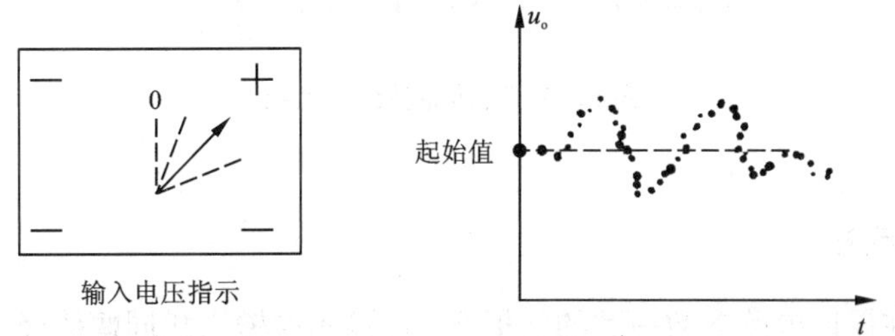

图 5.16　零点漂移现象

产生零漂的原因主要有电源电压波动、管子参数随环境温度变化。其中，温度变化是主要因素。

零漂的危害：在直接耦合多级放大器中，第一级因某种原因产生的零漂会被逐级放大，使末级输出端产生较大的漂移电压，无法区分信号电压和漂移电压，严重时漂移电压甚至把信号电压淹没了，因此抑制零漂是直耦放大器的突出问题。

(2)直耦放大器的级间电位调节电路。

电路如图5.17所示。在V_2的发射极接一个电阻R_{e2}，这样$V_{CE1}=V_{BE2}+I_{E2}\cdot R_{e2}>V_{BE2}$，增大了$V_1$管的工作范围。适当调节$R_{e2}$值，可使前后级静态直流电位设置合理。为减小$R_{e2}$对放大倍数的影响，采用稳压管取而代之。

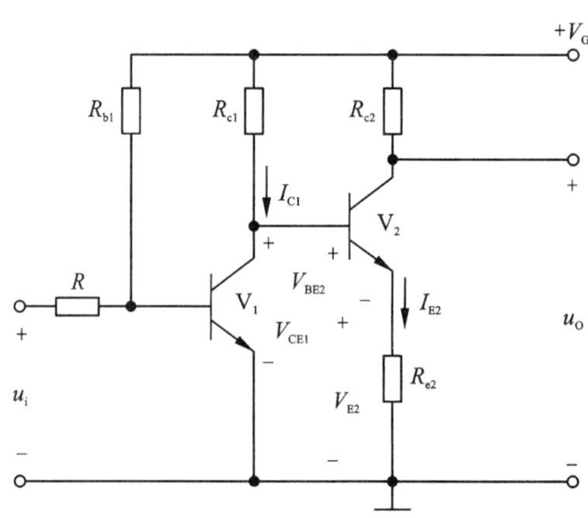

图5.17　用发射极电阻调节电位

3.变压器耦合放大器(见图5.18)

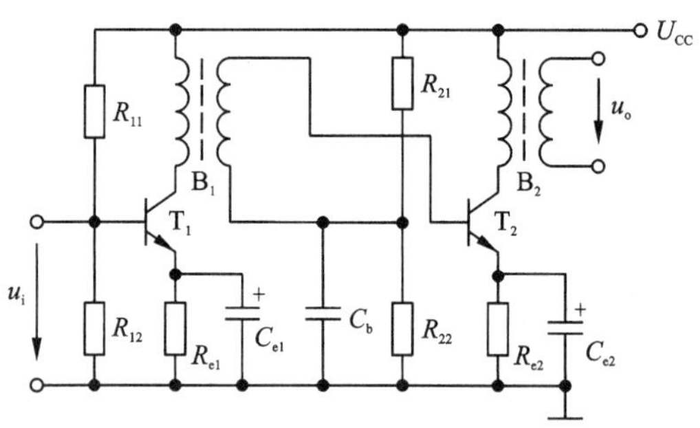

图5.18　变压器耦合放大器

5.4.3　实验方法

应用EWB，在保证电路参数一致的前提下，在输入端输入相同幅值(5 mV)的交流信号，分别测量三种耦合放大电路在不同频率下输出信号的幅值。

5.4.4　两级耦合放大器实验内容及步骤

(1)按上述三图分别在EWB下连好电路。

(2)测量放大器的静态工作点(见表5.10)。

表 5.10 放大器的静态工作点

电路类型	T_1			T_2		
	U_{CEQ}/V	U_{R_C}/V	I_{CQ}/mA	U_{CEQ}/V	U_{R_C}/V	I_{CQ}/mA
RC 耦合放大						
直接耦合放大						
变压器耦合放大						

(3)测量放大器的电压放大倍数 A_V。

选择输入信号的频率 f 与幅度 u_i 大小，测出放大器在不同电源下的输出电压值并填入表 5.11 中。

表 5.11 放大器的电压放大倍数 A_u

输入信号频率(Hz)	电路类型	电源电压 U_{CC}(V) = 8 V			电源电压 U_{CC}(V) = 10 V		
		u_i/mV	u_o/mV	A_u	u_i/mV	u_o/mV	A_u
1000	*RC* 耦合放大						
	直接耦合放大						
	变压器耦合放大						
2000	*RC* 耦合放大						
	直接耦合放大						
	变压器耦合放大						
5000	*RC* 耦合放大						
	直接耦合放大						
	变压器耦合放大						

(4)测量放大器的输入电阻。

在放大器输入端串联一个已知电阻 $R = 3.9\ \text{k}\Omega$。输入信号的频率和幅度，根据选取原则自己选择。然后用毫伏表测出 u_s、u_i，计算出 R_i，填入表 5.12 中。

表 5.12 放大器的输入电阻

放大电路	u_s/mV	u_i/mV	R_i/Ω
RC 耦合放大电路			
直接耦合放大电路			
变压器耦合放大			

(5)测量放大器的输出电阻。

自己选择输入信号的频率和幅度，然后用毫伏表测出空载(即 R_L 不接入)时与有载(即

R_L 接入)时的输出电压 u_o 和 u_o'，算出 R_o，填入表 5.13 中。

表 5.13　放大器的输出电阻

放大电路	u_o	u_o'	R_o
RC 耦合放大电路			
直接耦合放大电路			
变压器耦合放大电路			

(6)测量放大器的频率特性。

测量原理如前所述。为简便起见，本实验要求用三点法，只测三个特殊频率点，即 f_o、f_L、f_H。输入信号的频率 f_o 和幅度 u_i 由自己选择，用毫伏表测出中频时的输出电压 u_o。然后分别降低或增大信号源的频率(注意在改变频率时应保持 u_i 不变)，使输出幅度下降到 $u_o/\sqrt{2}$，记下此时对应的信号频率(分别为上限截止频率 f_H 和下限截止频率 f_L)，并将测试数据填入表 5.14。

表 5.14　放大器的频率特性

放大电路	u_i/mV	u_o/V	$u_o/\sqrt{2}$/V	f_L/kHz	f_H/kHz
RC 耦合放大电路					
直接耦合放大电路					
变压器耦合放大电路					

5.4.5　实验报告要求

(1)整理好实验数据，填入各表中。
(2)画出幅频特性曲线。
(3)比较各种放大电路的实验结果，说明三种耦合放大电路各有何缺点。

5.4.6　思考题

(1)测量放大器输入、输出阻抗应注意什么?
(2)影响放大器低频效应的是哪些元件?
(3)三种不同的耦合放大电路有何不同点?

5.5　集成运算放大器的基本运算电路

5.5.1　实验目的

(1)掌握由运算放大器组成的比例、加法和减法等基本运算电路的原理。
(2)熟悉运算放大电路的基本特点和性能。

(3)了解运算放大器在实际应用时应考虑的一些问题。

5.5.2 实验设备

(1)智能模拟实验台

(2)数字万用表　　　　　　　　1 块

5.5.3 预习要求

(1)熟悉反相比例、同相比例、加法电路以及差分式减法电路的原理。

(2)学会使用线性组件 μA741，了解各管脚的功能。

5.5.4 实验内容及步骤

1. 调零

按图5.19接线，检查无误后，接通电源，调节调零电位器 R_P，使 $V_O=0$(小于±10 mV)。运算放大器调零后，应保持不变，在后面的实验中均不用再进行调零了。

2. 反相比例运算电路

反相比例运算电路如图5.20所示，按图接线，检查无误后接通电源。从信号源输出正弦信号，频率 $f=500$ Hz，调节输入电压 V_i 的大小，测量输出电压 V_O，把结果填入表5.15中。并观察 V_i 和 V_O 的波形，画出波形图。

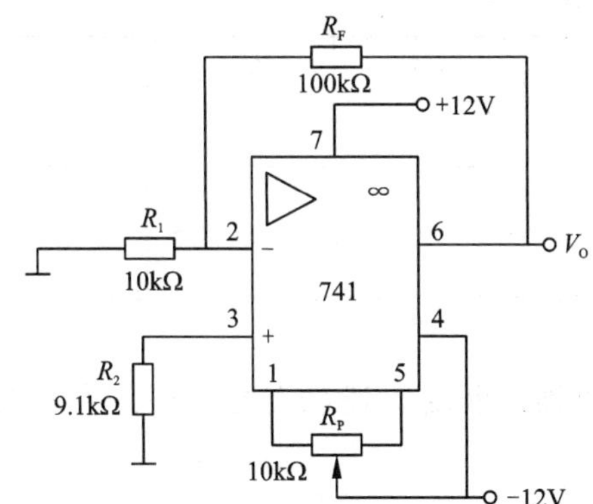

图5.19 运算放大器的调零电路

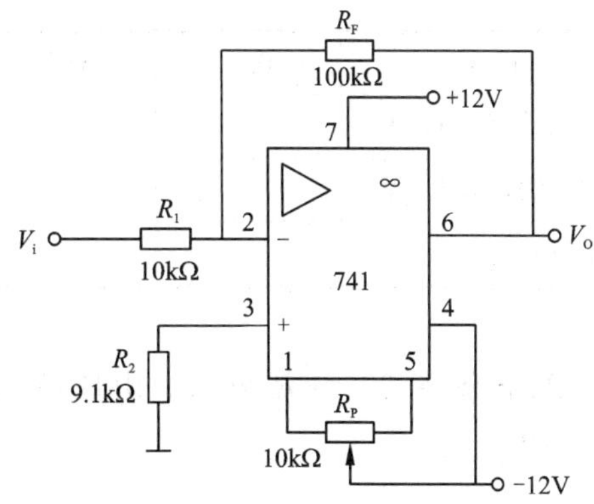

图5.20 反相比例运算电路

实际电压放大倍数：$A_V=\dfrac{V_O}{V_i}=-\dfrac{R_F}{R_1}$

表5.15　反相比例运算

V_i/V	0.1	0.3	0.5	0.7	0.9	1
理论计算值 V_O/V						
实际测量值 V_O/V						
实际放大倍数 A_u						

3. 同相比例运算电路

(1)同相比例运算电路如图5.21所示，按图接线，检查无误后接通电源。从信号源输出正弦信号，频率$f=500$ Hz，调节输入电压V_i的大小，测量输出电压V_O，把结果填入表5.16中。并观察V_i和V_O的波形，画出波形图。

实际电压放大倍数：$A_V=\dfrac{V_O}{V_i}=1+\dfrac{R_F}{R_1}$

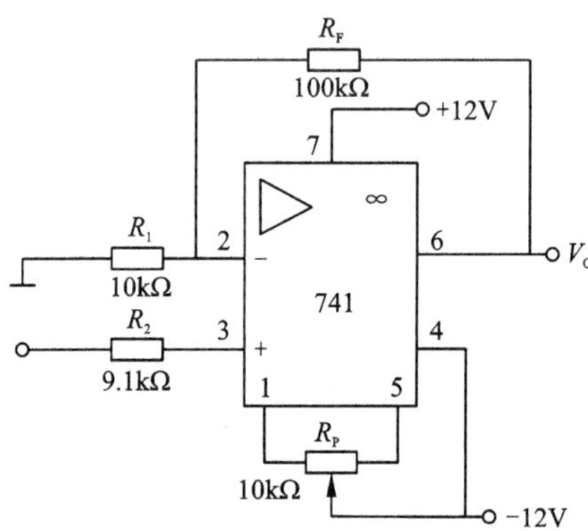

图5.21 同相比例运算电路

表5.16 同相比例运算

V_i/V	0.1	0.3	0.5	0.7	0.9	1
理论计算值 V_O/V						
实际测量值 V_O/V						
实际放大倍数 A_V						

(2)将图5.22中R_1断开，电路改为电压跟随器，重复上述(1)的步骤，结果填入表5.17中。

表5.17 电压跟随器

V_i/V	0.3	0.5	0.7	1
理论计算值 V_O/V				
实际测量值 V_O/V				
实际放大倍数 A_V				

4. 反相加法运算电路

反相加法运算电路如图5.22所示。在输入端加直流信号，调节R_{P1}、R_{P2}，改变V_{i1}、V_{i2}的大小，测量对应的输出电压V_O，将结果填入表5.18中，并与计算的输出电压值进行比较。

电路的输出电压：$V_O = -(\frac{R_F}{R_1}V_{i1} + \frac{R_F}{R_2}V_{i2})$

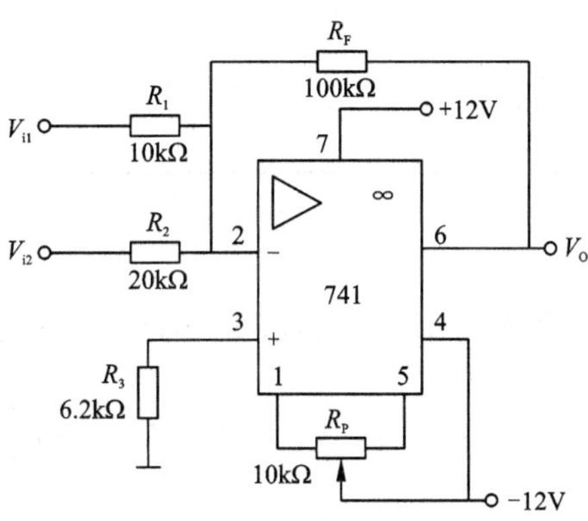

图 5.22　反相加法运算电路

表 5.18　反相加法运算

输入信号 V_{i1}/V	0	0.1	0.2	-0.6	0.5
输入信号 V_{i2}/V	0.1	0.2	0.3	0.4	-0.6
计算值 V_O/V					
实际测量 V_O/V					

5. 差分放大电路(减法器)

反相加法运算电路如图 5.23 所示。在输入端加直流信号，调节 R_{P1}、R_{P2}，改变 V_{i1}、V_{i2}的大小，测量对应的输出电压 V_O，将结果填入表 5.19 中，并与计算的输出电压值进行比较。

电路的输出电压：$V_O = \frac{R_F}{R_1}(V_{i2} - V_{i1})$，其中，$R_1 = R_2$，$R_4 = R_F$。

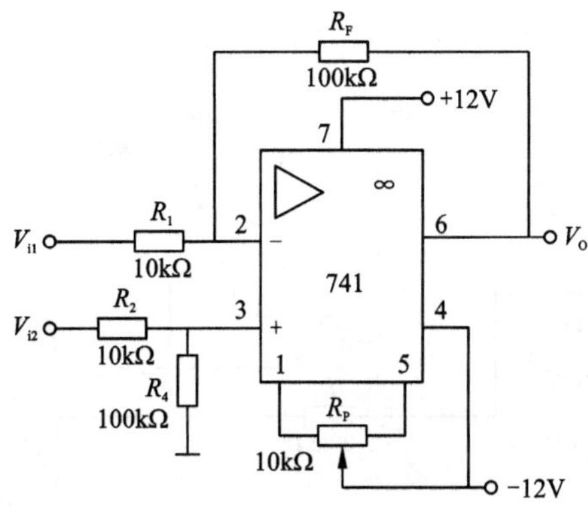

图 5.23　差分放大电路(减法器)

表 5.19 减法器

输入信号 V_{i1}/V	1.0	0.7	0.3	0.2	-0.2
输入信号 V_{i2}/V	1.2	1.0	-0.2	-0.4	-0.6
计算值 V_0/V					
实际测量 V_0/V					

5.5.5 实验报告

(1)整理实验数据，与理论计算值进行比较，画出同相比例和反相比例运算电路的波形图(注意波形间的相位关系)。

(2)分析当输入电压超过一定值后，输出电压会出现什么现象?

5.6 比较器、方波－三角波发生器

5.6.1 实验目的

(1)学习、验证用集成运算放大器组成的比较器和方波－三角波发生器。

(2)学习信号发生器的调整和主要性能指标的测试方法。

5.6.2 实验设备

(1)智能模拟实验台

(2)数字万用表 1 块

5.6.3 实验内容及步骤

首先将两块运算放大器调零(方法见上个实验)，接着校准示波器。

1. 比较器电路

按图 5.24 接线。

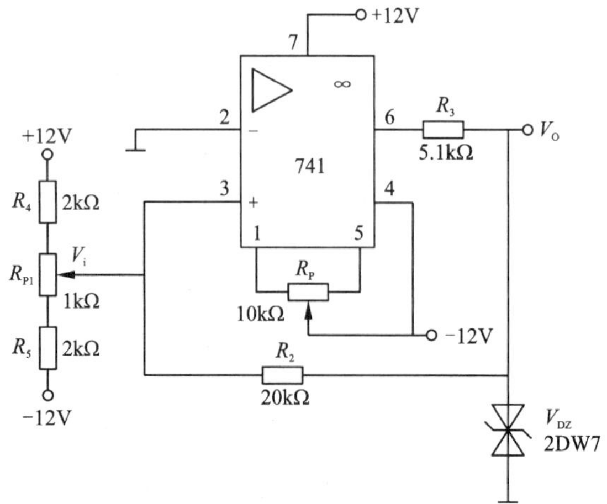

图 5.24 比较器电路

转折电压的测试：

检查电路无误后接通电源，若比较器输出电压 V_0 为负值，调节 R_{P1} 使 V_0 由负变正（正突变点），测出 V_i 和 V_0 的值；若比较器输出电压 V_0 为正值，将电位器 R_P 向相反方向旋转，直至 V_0 由正变负（负突变点）。测出此时的 V_i 和 V_0 值，填入表5.20中。

表5.20　转折电压的测试

电压	V_i 最小值	V_0 负突变点	V_0 正突变点	V_i 最大值
V_0/V				
V_i/mV				

2. 方波－三角波发生器

（1）按图5.25所示电路及参数接成方波－三角波发生器，见表5.19。

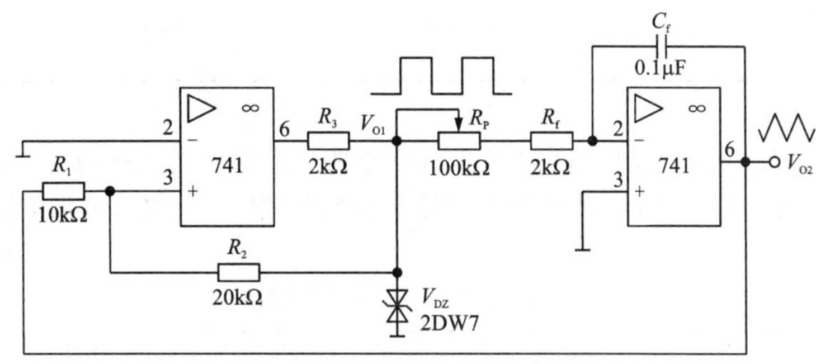

图5.25　方波－三角波发生器

（2）将电位器 R_{P1} 调至中心位置，用双踪示波器观察并描绘方波 V_{O1} 及三角波 V_{O2}（注意标注图形尺寸），并测量 R_{P1} 及频率的大小。

表5.21　方波－三角波发生器波形

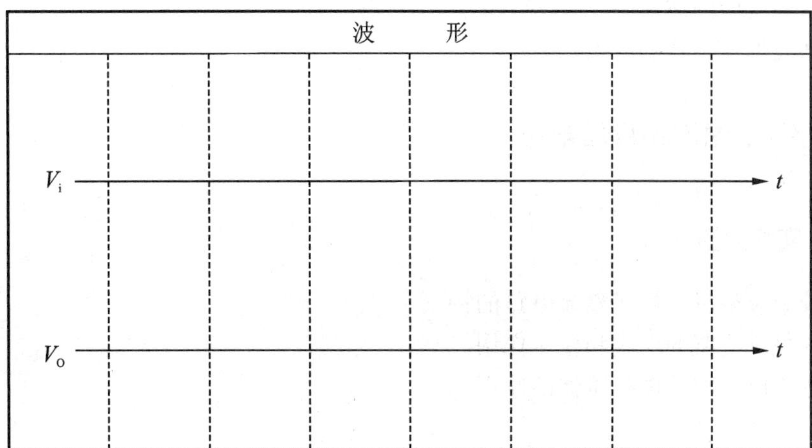

(3)改变 R_P 的位置，观察对 V_{O1} 和 V_{O2} 幅值和频率的影响，将测量结果填入表5.22中。

表5.22 方波－三角波发生器(1)

	F/kHz	R_P/Ω	V_{O1P-P}/V	V_{O2P-P}/V	备 注
频率最高					
频率最低					

(4)将电位器 R_P 调至中间位置，改变 R_1 为10 kΩ可调电位器，观察对 V_{O1} 和 V_{O2} 幅值和频率的影响。将测量结果填入表5.23中。

表5.23 方波－三角波发生器(2)

	F/kHz	R_1/Ω	V_{O1P-P}/V	V_{O2P-P}/V	备 注
频率最高					
频率最低					

(5)将电位器 R_P 调至中间位置，R_1 接10 kΩ电阻，改变 R_2 为100 kΩ可调电位器，观察对 V_{O1} 和 V_{O2} 幅值和频率的影响。将测量结果填入表5.24中。(记录有波形的测试参数)

表5.24 方波－三角波发生器(3)

	F/kHz	R_2/Ω	V_{O1P-P}/V	V_{O2P-P}/V	备 注
频率最高					
频率最低					

5.6.4 实验报告

(1)画出各实验的波形图。
(2)总结波形发生器的特点。

5.7 整流、滤波和稳压电路

5.7.1 实验目的

(1)比较半波整流与桥式整流电路的特点。
(2)了解稳压电路的组成和稳压作用。
(3)熟悉集成三端可调稳压器的使用。

5.7.2 实验设备

(1)智能模拟实验台
(2)数字万用表　　　　　　　　1 块

5.7.3 预习要求

(1)二极管半波整流和全波整流的工作原理及整流输出波形。
(2)整流电路分别接电容、稳压管及稳压电路时的工作原理及输出波形。
(3)熟悉三端集成稳压器的工作原理。

5.7.4 实验内容与步骤

1. 半波整流与桥式整流
(1)分别按图 5.26 和图 5.27 接线。

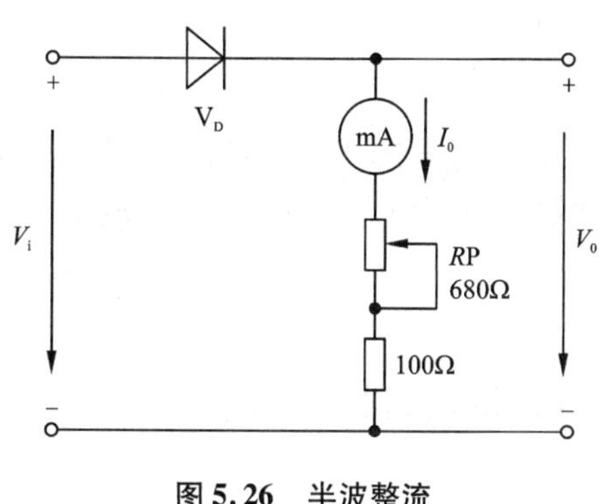

图 5.26 半波整流

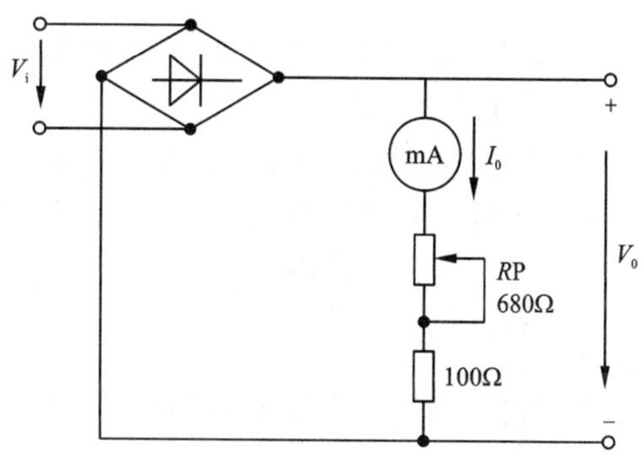

图 5.27 桥式整流

(2)在输入端接入交流 14 V 电压，调节 R_P使 $I_0=50$ mA 时，用数字万用表测出 V_0，同时用示波器的 DC 挡观察输出波形，记入表 5.25 中。

表 5.25 整流输出波形和数据

	V_i/V	V_0/V	I_0/mA	V_0 波形
半 波				
全 波				

2. 加电容滤波

如图 5.28，上述实验电路不动，在桥式整流后面加电容滤波，比较并测量接电容与不接电容两种情况下的输出电压 V_0及输出电流 I_0，并用示波器 DC 挡观测输出波形，记入表 5.26 中。

表 5.26 电容滤波实验记录

	V_i/V	V_O/V	I_O/mA	V_O 波形
接电容				
未接电容				

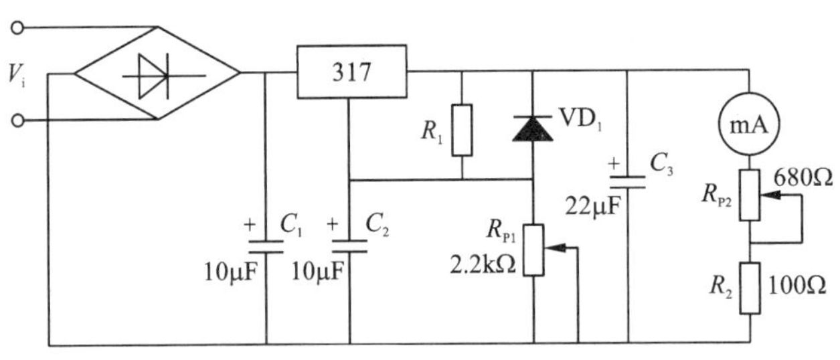

图 5.28 可调三端集成稳压电路

3. 可调三端集成稳压电路(串联稳压电路)

(1)电源稳压示数:

以 V_i 为 16 V 输入电压为基准，调节 R_{P1} 使输出电压为 $V_O=10$ V，调节 R_{P2} 使输出电流为 90 mA。当输入电压 V_i 波动到 14 V 时，测得稳压电源输出电压值；当输入电压 V_i 波动到 18 V 时，测得稳压电源输出电压值 V_O：

$S=\dfrac{\dfrac{\Delta V_O}{V_O}}{\dfrac{\Delta V_i'}{V_i'}}$ （S 为输出电压的相对变化量与输入电压的相对变化量的比值）

(2)纹波示数:

$$\gamma=\frac{\text{输出交流分量有效值}}{\text{输出直流分量}}$$

$\gamma=\dfrac{V_O'}{V_O}$ （稳压电源输出的交流分量 V_O' 与输出的直流分量之比值）

调节 R_{P2} 使负载电流为 90 mA 时，用毫伏表测输出电压的交流分量，用直流电压表测输出电压的直流分量。

(3)电源内阻 R:

$R=\dfrac{\Delta V_O}{\Delta I_O}(\times 100\%)$ （当输直流电压，环境温度不变时，负载变化所引起的输出电压的变化与输出电流的变化的比值）

$V_i=16$ V，调节 R_{P2} 使输出电流为 20 mA，测输出电压值；调节 R_{P2} 使输出电流为 90 mA 时，测输出电压值。

5.7.5 实验报告

(1)整理实验数据，填入相应的表格内。

(2)分析讨论实验中发生的现象和问题。

5.8　函数信号发生器

5.8.1　实验目的

(1)了解单片多功能集成电路函数信号发生器的功能及特点。
(2)进一步掌握波形参数的测试方法。

5.8.2　实验设备与器件

(1)智能模拟实验台
(2)数字万用表　　　　　　　　　1 块

5.8.3　实验内容

(1)按图 5.29 接线，取 $C=0.01\ \mu F$。

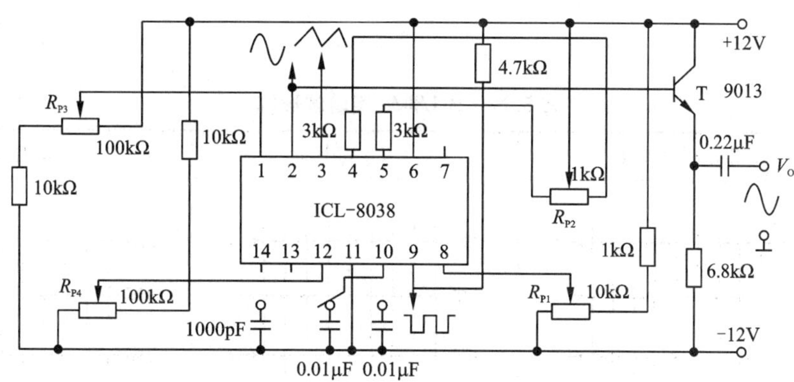

图 5.29　ICL8038 实验电路图

(2)调整电路使其处于振荡，通过调整电位器 R_{P2}，使方波的占空比达到 50%。

(3)保持方波的占空比为 50% 不变，用示波器观测 8038 正弦波输出端的波形，反复调整 R_{P3}、R_{P4}，使正弦波不产生明显的失真。

(4)调节电位器 R_{P1}，使输出信号从小到大变化，列表记录管脚 8 的电位及测量输出正弦波的频率。将测量结果记入表 5.27 中。

表 5.27　ICL8038 实验记录

调整 R_{P1}					
V_S/V		C	V_O		
最高	最低		f_{max}	f_{min}	V_{OP-P}
		0.01 μF			
		0.1 μF			
		1000 pF			

(5)改变外接电容 C 的值(取 $C=0.01\ \mu F$、$C=0.1\ \mu F$ 和 $C=1000\ pF$)，观测三种输出波形的幅值和频率，将观测波形记入表 5.28 中。

表 5.28 ICL8038 实验波形(1)

电容	0.01 μF	0.1 μF	1000 pF
频率	调 $f=10$ kHz	测 $f=$	测 $f=$
波形	2脚 t 9脚 t 3脚 t	2脚 t 9脚 t 3脚 t	2脚 t 9脚 t 3脚 t

(6)$C=0.01\ \mu F$，调整电位器 R_{P2} 的值，观测三种波形的频率和幅度值，将观测波形记入表 5.29 中。

表 5.29 ICL8038 实验波形(2)

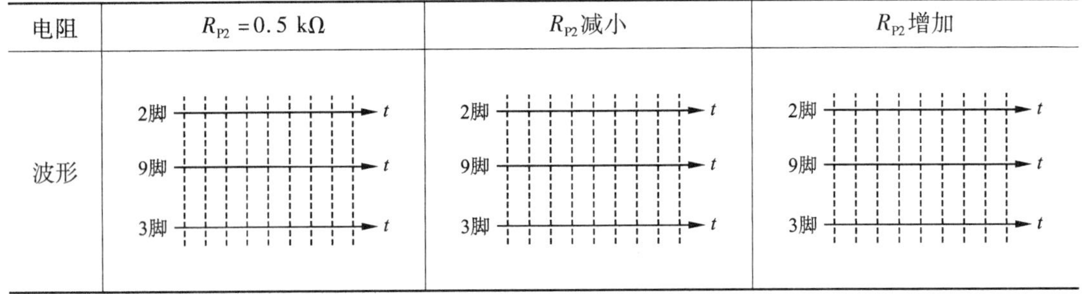

电阻	$R_{P2}=0.5\ k\Omega$	R_{P2}减小	R_{P2}增加
波形	2脚 t 9脚 t 3脚 t	2脚 t 9脚 t 3脚 t	2脚 t 9脚 t 3脚 t

(7)用失真度测试仪测出 C 分别为 $0.01\ \mu F$, $0.1\ \mu F$ 和 $1000\ pF$ 时的正弦波失真系数 r 值(一般要求该值小于 3%)。

5.8.4 实验报告

(1)列表说明各可调电位器的作用。

(2)列表整理电容取不同值时三种波形的频率和幅度值，从中得出结论。

(3)列表整理 R_{P2} 取不同值时三种波形的变化，从中得出结论。

(4)分析三极管 T 在电路中的作用。

(5)写出本实验的心得和体会。

5.9　压控振荡器

5.9.1　实验目的

(1)掌握运算放大器的综合运用。
(2)学习电压/频率转换(U/f)电路。
(3)学习电路参数的调整方法。

5.9.2　实验设备

(1)智能模拟实验台
(2)数字万用表　　　　　　　1 块

5.9.3　实验步骤

1. 改变积分电路输入电压

电路如图 5.30 所示。在积分电路的反相输入端加入一直流可调控制电压 V_i(为 5 V，由 R_{P2} 调节)，V_{01}仍为500 Hz 的方波信号，在不断改变 R_{P2}阻值的情况下，用示波器观察输出电压 V_0 的波形及频率变化情况。

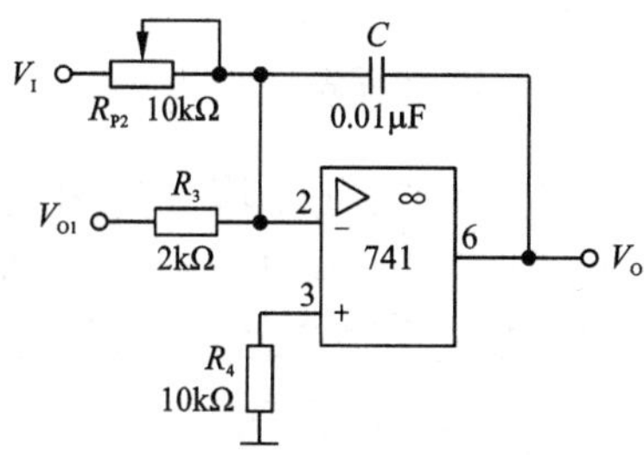

图 5.30　改变电压的积分电路

2. 电压/频率转换电路

将比较器和积分电路首尾相连，接成一个全闭环电路，如图 5.31 所示，运算放大器接 ±12 V 电源。该电路实际上为典型的 U/f 转换电路。当输入信号为直流电压时，输出 V_0 将出现与其有一定函数关系的频率振荡波形(锯齿波)。

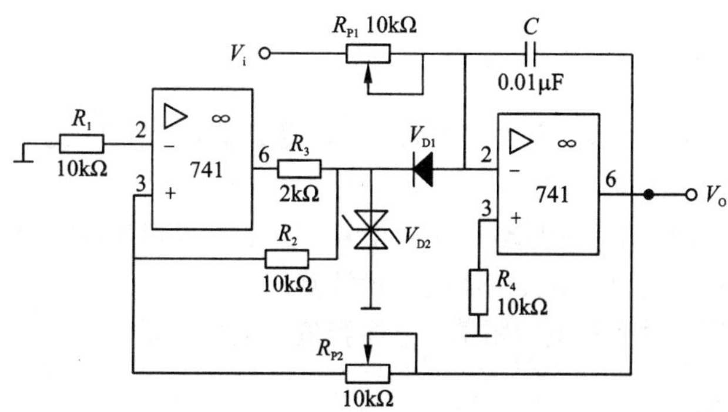

图 5.31　电压/频率转换电路

5.9.4　实验要求

(1)分析电路的工作原理，分析 V_i与 V_0的关系，计算出 R_{P1}、R_{P2}的阻值为多少时，输出信号可满足幅值为 12 V。

(2)学习用示波器观察输出波形的周期，然后换算为频率，并观察幅值。

(3)输入 $V_i=4$ V，调整 R_{P1}、R_{P2}，使输出 V_O为锯齿波。

(4)改变输入电压(在 0 ~5 V 内选取)，测量输出电压的频率和波形，将测量结果记入表 5.30 中。

表 5.30　电压/频率转换电路实验记录

V_i/V								
V_O/V								
V_{PP}/V								
f/Hz								
V_O波形								

5.9.5　实验报告

(1)整理实验数据，填入表格内。

(2)根据上表，画出频率 - 电压曲线。

(3)积分电容器 C 的参数选择得太大(如 10 μF)或太小(如 100 pF)，其他参数不变，对输出波形及参数有何影响?

(4)通过实验观察 R_{P2}的改变对输出波形的幅值有何影响？为什么?

(5)如果 V_I为正弦波电压，电路其他参数不变，输出波形的幅值和频率将作何变化?

5.10　简单电子振荡器的设计

5.10.1　实验目的

(1)进一步认识电阻、电容、发光二极管、三极管、开关、喇叭(扬声器)等基本元件，学会使用万用表测量上述元件的方法。

(2)认识电原理图，学会按照原理图进行电路焊接、组装和调试的全过程。

(3)学会使用实验室电源，学会使用电子示波器。

(4)认识电容充放电时间和电阻阻值、电容容量的定性关系。

5.10.2　实验设备

(1)智能模拟实验台

(2)数字万用表　　　　　　　　1 块

5.10.3 实验步骤

1. 电路原理

电路原理图见图5.32。

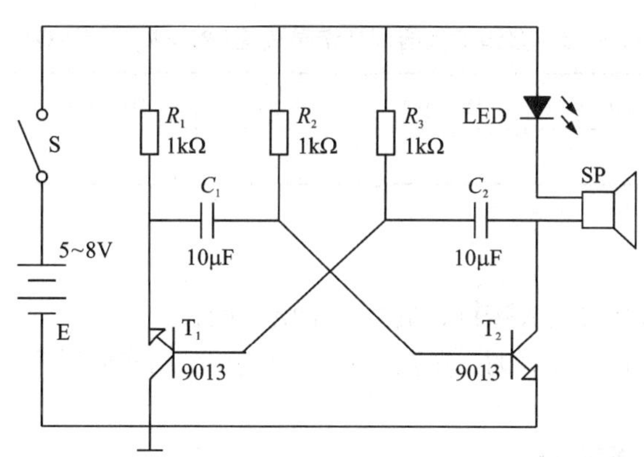

图5.32 用三极管制作的振荡器

这是一个典型的多谐振荡器。多谐振荡器是一种自激振荡电路，因为它没有稳定的工作状态，所以也被称为无稳态电路。具体地说，如果一开始多谐振荡器处于0状态，那么它在0状态停留一段时间后将自动转入1状态，在1状态停留一段时间后，又将自动转入0状态，如此周而复始。

在图5.32中，两个三极管通过C_1和C_2耦合。假定在某时刻，三极管T_1处于导通状态，这时T_1各电极的电压近似等于0(以电源负极为基准，下同)，电源通过LED、SP和T_1的发射结BE对电容器C_2充电，电容器C_1则通过R_2和T_1放电。C_1放电前的电压是左正右负，由于C_1左端连接到T_1集电极，其电压保持为接近0 V，因此放电前C_1的右端即连接到T_2基极端的电压为负值，T_2基极为负值则T_2截止。随着放电的进行，C_1右端的电压逐步升高，即T_2基极端的电压逐渐升高，一旦T_2的基极电压升高到超过T_2发射极电压一定值，T_2就会很快从截止变为导通。T_2的导通将使C_2右端电压迅速变为0 V，而电容两端的电压不能突变，C_2左端就会很快变为负电压，从而使T_1基极电压变为负值，T_1的导通变为截止。这样就开始了T_2导通T_1截止的状态，此状态变成C_1充电C_2放电，电容器C_2放电的结果又会使C_2左端电压慢慢变高，最后又导致T_1导通。

从上面分析的结果看，电容器的放电时间直接影响了电路的振荡周期，图5.32的振荡周期为

$$T = 0.693 \times (R_2C_1 + R_3C_2)$$

2. 电路焊接、组装和调试

按照图5.32进行组装，各元件的要求不严，三极管9013的放大倍数应大于50，喇叭(扬声器)SP阻抗为8 Ω；只要各元件工作正常，电路就能成功。

测试各调试如下：

(1)用示波器测量三极管T_2集电极对地的波形，观察并记录振荡周期，与按公式计算出

来的值进行对比，求出相对误差大小。

(2)用双踪示波器同时测量 T_1 和 T_2 的集电极对地的电位，比较两个波形的关系。

(3)用双踪示波器同时测量 T_1 的集电极和基极对地的电位，比较两个波形的关系。

(4)改变 C_1 和 C_2 的值，看振荡波形如何变化，并填入表 5.31 中，思考波形变化的原因。

表 5.31 多谐振荡器周期记录表格($R_2=R_3=51\ \text{k}\Omega$)

$C_1=C_2$	0.01 μF	0.1 μF	1 μF	10 μF	47 μF	100 μF
T/ms						

3. 提高练习

(1)将图 5.32 中的开关换成按键，组装一个电子门铃。

(2)当 R_2C_1 与 R_3C_2 相差较大时，振荡波形如何变化？用实验观察此现象并作出解释。

5.11 有源滤波器实验

5.11.1 实验目的

(1)掌握低通、高通和带通、带阻滤波器的基本特性及其频宽的意义。

(2)明确有源滤波器的基本推导方法。

(3)熟悉用运放、电阻和电容组成的有源滤波器电路。

(4)掌握测量有源滤波器的幅频特性的基本方法。

5.11.2 实验设备与器件

(1)智能模拟电路实验台

(2)万用电表　　　　　　　　1 块

5.11.3 实验内容及步骤

1. 二阶低通滤波器

(1)按照图 5.33 搭建电路，电路推荐 R_1，$R_F=5.1\sim47\ \text{k}\Omega$；$R=10\sim47\ \text{k}\Omega$，$C=0.01\sim0.22\ \mu\text{F}$，$V_{CC}=12\sim18\ \text{V}$，接通电源后首先调零和消除自激振荡。

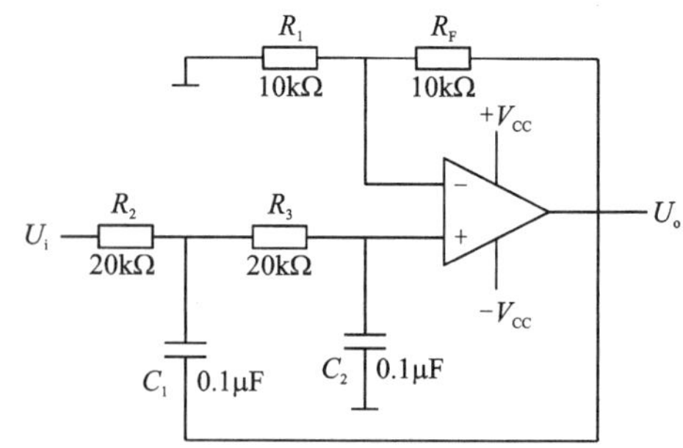

图 5.33 二阶低通滤波器

(2)粗测。接通电源，u_i 接函数信号发生器，令其输入为 $U_i=1$ V 的正弦波信号，在滤波器截止频率附近改变输入信号频率，用示波器或交流毫伏表观察输出电压幅度的变化是否具备低通特性，如不具备，应排除故障。

(3)在输出波形不失真的条件下，选取适当幅度的正弦输入信号，将输入信号幅度记入

表5.32的括号内，在维持输入信号幅度不变的情况下，逐点改变输入信号频率，测量输出电压，记入表5.32中。

表5.32　二阶低通滤波器幅频特性测试记录(输入幅度：____)

f/Hz					
U_0/V					

(4)根据表5.32中的数据，描绘幅频特性曲线，说明低通滤波器特点，并在曲线上找到 f_c 点，与理论计算得到的 f_c 进行比较，说明误差的原因。

2. 二阶高通滤波器

(1)参考图5.34搭建二阶高通滤波电路，接通电源后首先调零和消除自激振荡；

(2)粗测：输入 $u_i=1$ V正弦波，在滤波器截止频率附近改变输入信号频率，观察电路是否具备高通特性；

(3)在输出波形不失真的条件下，选取适当幅度的正弦输入信号，将输入信号幅度记入表5.33的括号内，在维持输入信号幅度不变的情况下，逐点改变输入信号频率，测量输出电压，记入表5.33中。

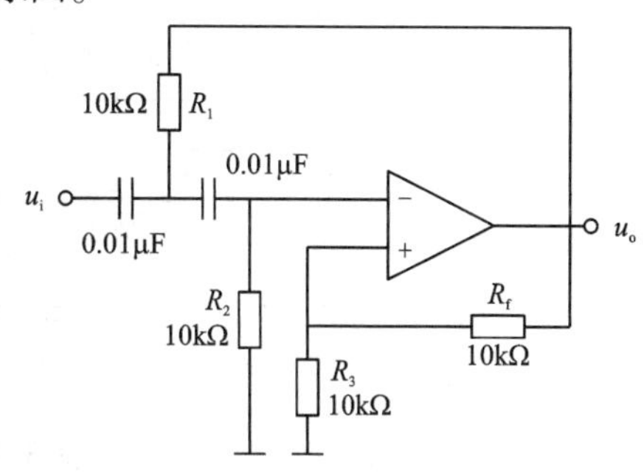

图5.34　二阶高通滤波器

表5.33　二阶高通滤波器幅频特性测试记录(输入幅度：____)

f/Hz						
U_0/V						

(4)根据表5.33中的数据，描绘幅频特性曲线，说明高通滤波器特点，并在曲线上找到 f_c 点，与理论计算得到的 f_c 进行比较，说明误差的原因。

3. 带通滤波器

(1)按照图5.35搭建电路，电路推荐值：R_4，$R_F=5.1\sim47$ kΩ；$R_2=R_4//R_F$，$R_1=10\sim150$ kΩ，$R_3=10\sim20$ kΩ，$C=0.01\sim0.22$ μF，$V_{CC}=12\sim18$ V，接通电源后首先调零和消除自激振荡。

(2)实测电路的中心频率 f_0。

(3)以实测电路的中心频率 f_0 为中心，测绘电路的幅频特性，记入表5.34中。

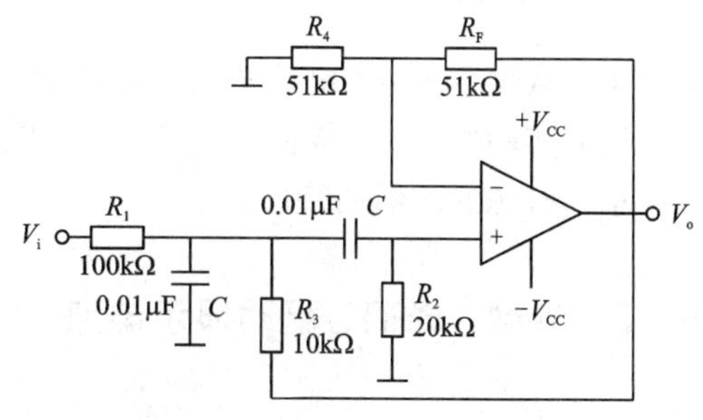

图5.35　带通滤波器

表 5.34　带通滤波器幅频特性测试记录(输入幅度：____)

f/Hz	
U_0/V	

(4)根据表 5.34 中的数据，描绘幅频特性曲线，说明带通滤波器特点。

4. 带阻滤波器

(1)参考图 5.36 设计并搭建带阻滤波电路，接通电源后首先调零和消除自激振荡。

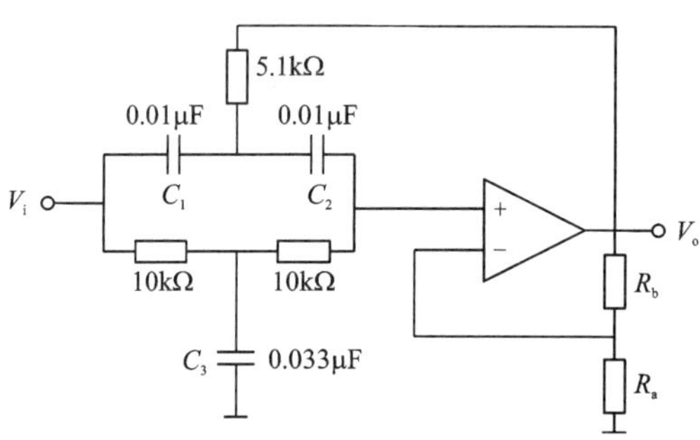

图 5.36　带阻滤波器

(2)实测电路的中心频率 f_0。

(3)以实测电路的中心频率 f_0 为中心，测绘电路的幅频特性，记入表 5.35 中。

表 5.35　带阻滤波器幅频特性测试记录(输入幅度：____)

f/Hz	
U_0/V	

(4)根据表 5.35 中的数据，描绘幅频特性曲线，说明带阻滤波器特点。

5.11.4　实验总结

(1)实验数据，画出各电路实测的幅频特性；

(2)根据实验曲线，计算截止频率、中心频率、带宽及品质因数；

(3)总结有源滤波器的特性。

5.12　计数、译码、驱动显示电路

5.12.1　实验目的

(1)巩固 555 定时器构成多谐振荡器的方法。

(2)巩固集成 JK 触发器的逻辑功能与应用，以及分频的组成。

(3)组成振荡、分频、计数、译码、显示综合型电路，提高综合分析和应用能力。

5.12.2　实验原理

本实验电路分别由多谐振荡器、分频器、计数器、译码器和数字显示器等五部分组成，电路原理框图如图 5.37 所示。

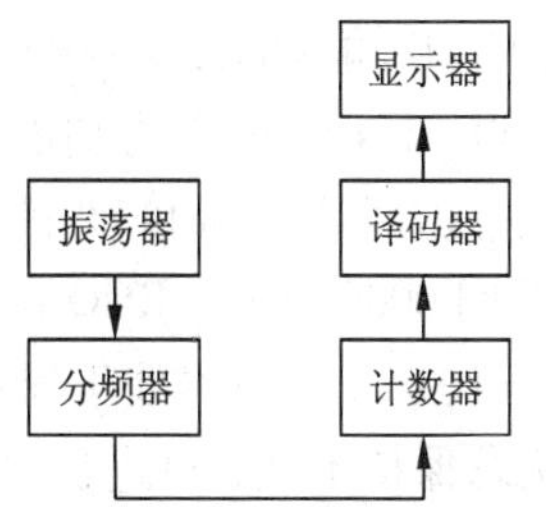

图 5.37　振荡、分频、计数、译码、显示电路原理框图

(1)多谐振荡器。由 555 定时器构成，其波形主要参数估算公式：

正脉冲宽度：$t_{ph} = 0.69(R_1 + R_2)C$

负脉冲宽度：$t_{pL} = 0.69R_2C$

重复周期：$t = t_{pH} + t_{pL} = 0.69(R_1 + 2R_2)C$

重复频率：$f_0 = 1/T = 1.44(R_1 + 2R_2)C$

占空比：$q = (R_1 + R_2)/(R_1 + R_2)$

注意：做计算机仿真实验时，555 定时器必须接复开关，每启动一次，先将复位开关接到地端，然后，再接高电位端。555 定时器的引脚图如图 5.38(e)。

(2)分频器。图中 74113 为 2JK 触发器组成分频电路，其输出频率为：$f = f_0/4$. 74113 的引脚图如图 5.38(a)。其中 CLK 为 CP 脉冲输入端，为置位端，低电平有效，正常工作时应接高电平。

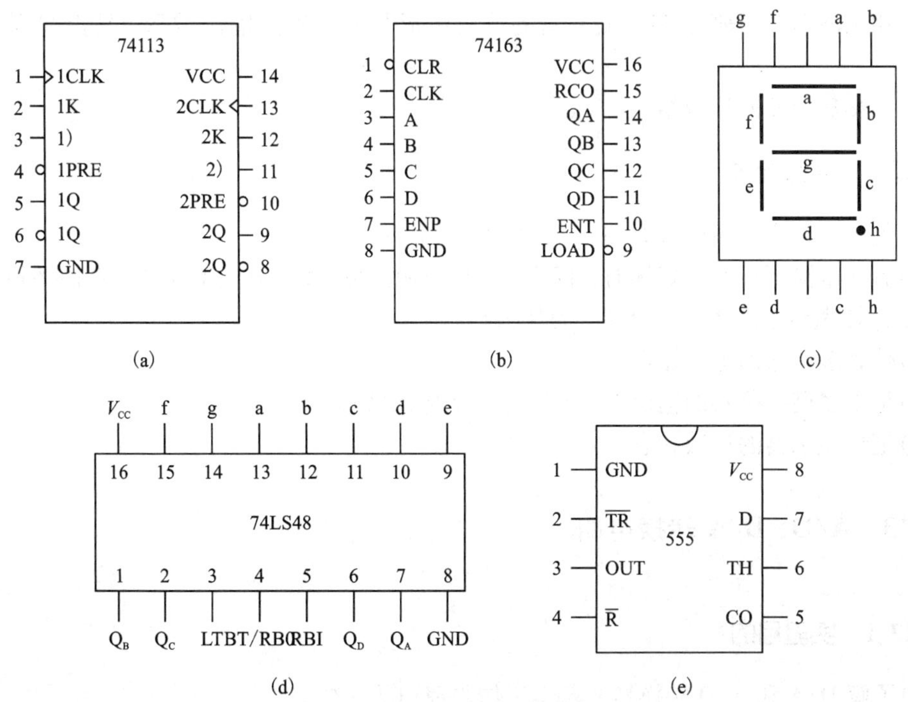

图 5.38　引脚图

(3)计数器。用于记录脉冲的个数，采用 74163(或者 74161)组成。其引脚见图 5.38(b)

所示。其中：CLK 为 CP 脉冲输入端，CLR 为清零端。只要 CLR =0，各触发器均被清零，计数器输出为 0000，不清零时应使 CLR =1，LOAD 为预置数控制端。只要在 LOAD =0 的前提下，加入 CP 脉冲上升沿，计数器被计数，即计数器输出 QA，QB，QC，QD 等于数据输入端 A，B，C，D 输入的二进制数。这就可以使计数器从预置数开始做加法计数。不预置时应使 LOAD =1，ENP，ENT 为功能控制端，当 ENP = ENT =1(CLR =1，LOAD =1)时，计数器处于计数状态。当计数到 1111 状态时，进位输出 RCO =1。再输入一个计数脉冲，计数器输出由 1111 返回 0000 状态，RCO 由 1 变成 0，作为进位输出信号。当 ENP =0，ENT =1(CLR =1，LOAD =1)时，计数器处于保持工作状态。ENP =1，ENT =0(CLR =1，LOAD =1) 时，计数器输出状态保持不变，可进位输出 RCO =0。

(4)译码器。译码器就是把输入代码译成相应的输出状态，BCD7DEC(74LS48)是把四位进制码经内部组合电路“翻译”成七段(a，b，c，d，e，f，g)输出，然后直接推动 LED，显示 0 ~15等 16 个数字。

BCD7DEC(74LS48R)的引脚见图 5.38(c)所示。

(5)显示器。显示部分是译码器的输出以数字形式直观显示出来。实验采用共阴极 LED 七段器。使用时把 BCD7DEC(74LS48)译码器输出端 a，b，c，d，e，f，g 接到对应的引脚即可。其引脚见图 5.38(d)。

5.12.3 实验内容

(1)用实物独立组装、调试，对调试过程中遇到的问题，找出原因及解决办法。

(2)用示波器同时观察多谐振荡器的输出波形与分频器的输出波形，是否起到四分频作用。

(3)观察显示器的计数结果。

5.12.4 实验要求

(1)复习综合实验各部分原理、功能以及管脚的使用。

(2)有同学测试显示器好坏时，直接从稳压电源上取 +5 V 作为高电平，直接接到显示器各段上，这样做将会产生什么结果，为什么?

(3)估算多谐振荡器的振荡频率。

(4)记录多谐振荡器的输出波形与分频器的输出波形。

(5)记录显示器的计数状态。

5.13 A/D、D/A 转换电路

5.13.1 实验目的

(1)了解 D/A 和 A/D 转换器的基本工作原理和基本结构。

(2)掌握大规模集成 D/A 和 A/D 转换器的功能和典型应用。

5.13.2 实验设备及器件

(1) SAC－SDⅡ－2 型数字逻辑电路实验台
(2) 万用表 1 块
(3) DAC0832 1 片
(4) ADC0809 1 片

5.13.3 实验任务

1. D/A 转换器——DAC0832

DAC0832 是采用 CMOS 工艺制成的单片电流输出型 8 位 DAC。其核心部分是采用倒 T 形电阻网络的 8 位 DAC，由倒 T 形 R－2R 电阻网络、模拟开关、运算放大器和参考电压组成。其运算放大器的输出电压为：

$$U_0=\frac{U_{\mathrm{REF}}\cdot R_{\mathrm{f}}}{2^nR}(D_{n-1}\cdot 2^{n-1}+D_{n-2}\cdot 2^{n-2}+\cdots+D_0\cdot 2^0)$$

由上式可见，输出的模拟电压 U_0 与输入的数字量成正比，这就实现了从数字量到模拟量的转换。

(1) 按图 5.39 接线，电路接成直通方式，即 $\overline{\mathrm{CS.\ WR_1 WR_2 XFER}}$ 接地；ILE、V_{CC}、V_{REF} 接 +5 电源；运放接 ±15 V；$\mathrm{D_0}\sim\mathrm{D_7}$ 接逻辑开关的输出插口，输出端 u_0 接直流数字电压表。

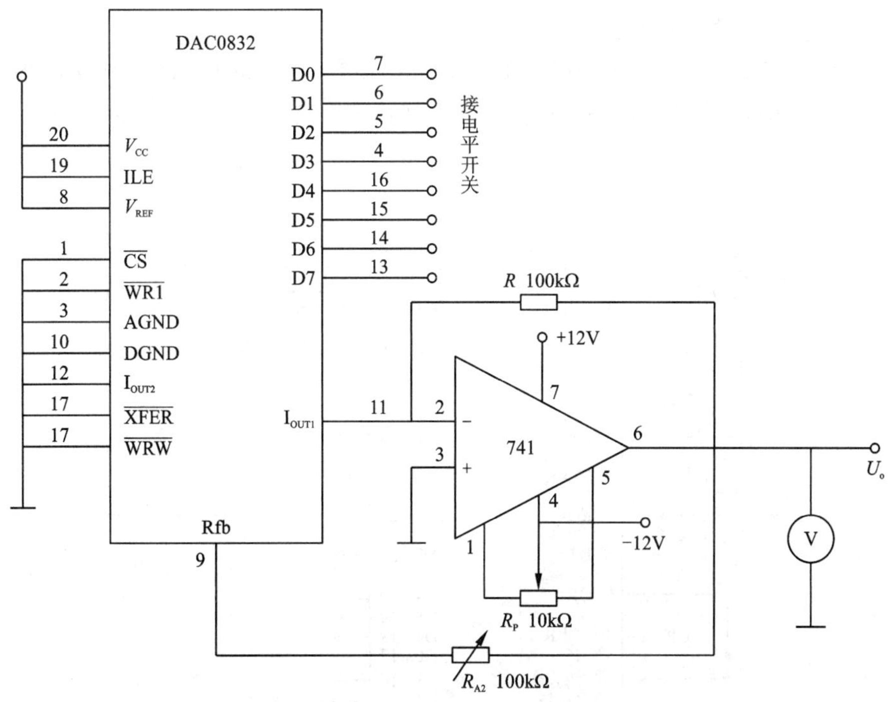

图 5.39 D/A 转换器——DAC0832

(2) 调零，令 $\mathrm{D_0}\sim\mathrm{D_7}$ 全置零，调节运放的电位器，使 μA741 输出为 0。

(3)按表 5.36 所列的输入数字信号，用数字电压表测量运放的输出电压 u_O，将测量结果填入表中，并与理论值进行比较。

表 5.36　D/A 转换器——DAC0832

输入数字量								输出模拟量

2. A/D 转换器——ADC0809

ADC0809 是采用 CMOS 工艺制成的单片 8 位 8 通道逐次渐进型 ADC，其核心部分是 8 位 A/D 转换器，由比较器、逐次渐进寄存器、D/A 转换器、控制和定时器 5 部分组成。实验按图 5.40 接线：

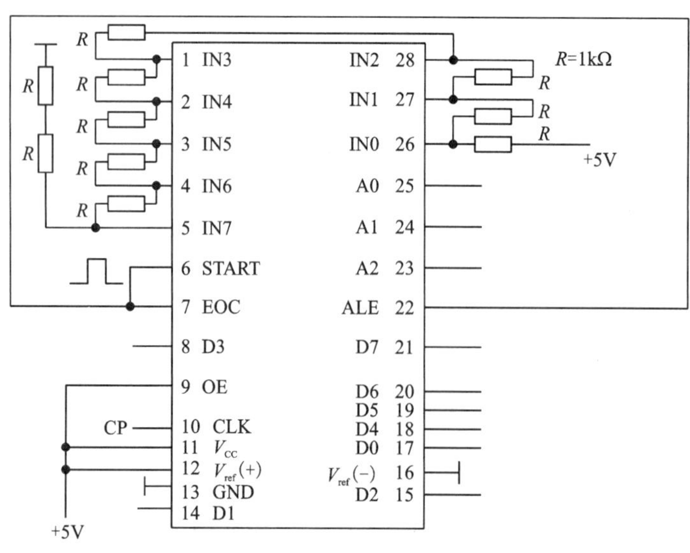

图 5.40　A/D 转换器——ADC0809

(1)8 路输入模拟信号 1 ~4.5 V，由 +5 V 电源经电阻 R 分压组成；变换结果 D_0 ~ D_7 端，接逻辑电平显示器输入插口，CP 时钟脉冲由计数脉冲源提供，取 f = 100 kHz；A_0 ~ A_7 地址端接逻辑电平输出插口。

(2)接通电源后，在启动端加一正单次脉冲，下降沿一到即开始 A/D 转换。

(3)按表 5.37 的要求观察，记录 IN0 ~ IN78 路模拟信号的转换结果，将转换结果换算成十进制数表示的电压值，并与数字电压表实测的各路输入电压值进行比较，分析误差原因。

表 5.37　A/D 转换器——ADC0809

被选模拟通道	输入模拟量	地址			输出数字量								
IN	u_i	A_2	A_1	A_0	D_7	D_6	D_5	D_4	D_3	D_2	D_1	D_0	十进制
IN_0	4.5	0	0	0									
IN_1	4.0	0	0	1									
IN_2	3.5	0	1	0									
IN_3	3.0	0	1	1									
IN_4	2.5	1	0	0									
IN_5	2.0	1	0	1									
IN_6	1.5	1	1	0									
IN_7	1.0	1	1	1									

5.13.4　实验要求

(1)整理实验数据，分析实验结果。

(2)总结本次实验的收获和体会。

(3)交出完整实验报告。

5.14　变压器极性的测定

5.14.1　实验目的

判定变压器各线圈的同名端，以便正确联接各线圈，从而得到所需的各种电压。

5.14.2　实验原理

变压器利用变压比等于匝数比的原理，通过采用不同的线圈匝数，以获得所需的电压值。在多个线圈进行串、并联联接时，可以改变输出电压和电流，但必须注意变压器各线圈的头、尾极性，即同名端。只有正确连接各线圈的头、尾端(同名端)，才能获得所需的电压值。

5.14.3 实验设备(见表5.38)

表5.38 实验设备表

名 称	型号	数量
单相多线圈变压器	自制	1个
万用表	500型	1块
单相调压变压器		1个

5.14.4 实验步骤

(1)定性确定变压器各线圈的电压级别。用万用电表电阻挡测量各线圈电阻值，一般来说电阻值大的为高压线圈，电阻值低的为低压线圈，电阻值相同的为等压线圈。由此大致判定各线圈的电压级别。

(2)测定各线圈电压值，确定各线圈变压比。用额定电压接被判定的高压线圈，然后测量其他各线圈的输出电压值，并记录下来。从而确定变压比和各线圈输出电压值。

(3)确定部分线圈的同名端。除接调压电源的线圈外，取一输出电压适当的线圈头端作为同名端基准，然后把该线圈依次与其他线圈逐一串联联接，测量其总电压。若总电压为原两线圈的输出电压之和，则该两线圈端为头尾相联，另一线圈的头为同名端；若总电压为原两线圈的输出电压之差，则该两线圈端为头头相联或尾尾相联，另一线圈的头为同名端。

(4)确定电源线圈的同名端。在接调压电源的电源线圈上串入一个已知线圈极性且输出电压值与电源电压相接近的线圈A，再重新接入电源。测量另外线圈的输出电压值，与原电压值相比较。若电压值为原来的一半，则说明电源线圈与线圈A是头、尾相联；若电压值接近零，则说明电源线圈与线圈A是头头或尾尾相联。以此确定电源线圈的同名端。

(5)验证同名端的正确性。把电源线圈接入电源，把任意两线圈的头、尾串联。测量其总电压，应为两线圈原电压之和。否则说明同名端定位错误。

5.14.5 思考题

(1)变压器的阻抗比与电压比是什么关系？

(2)两个电源线圈，其电压值相同。若把它们的头头、尾尾并联在一起，再接到电源，输出电压是否改变？这样做有何好处？

(3)把两个电压相等的电源线圈的头头或尾尾串联后再接到电源，会产生什么后果？为什么？

5.15 8259A硬件中断实验

5.15.1 实验要求

编写中断程序，在请求8259A中断1时，能够响应8259A的硬件中断，并在数码管上显示“Irq0…”字样，中断结束时，显示“E…IRQ”。

5.15.2　实验目的

(1)了解 8259A 中断控制器的工作原理。

(2)了解 PC 机中断的原理和过程。

(3)学会中断处理程序的编写。

5.15.3　实验电路及连线

如图 5.41，模块中的 +PULSE 接模块 8259 扩展板上的 INT_0，8259 扩展板上的 INT 接 EAT598_5188 板上的 INTR，8259 扩展板上的 INTA59 接 EAT598_5188 板上的 88/INTA。CS8259 接 200H，CS8279 已固定接至 238H。

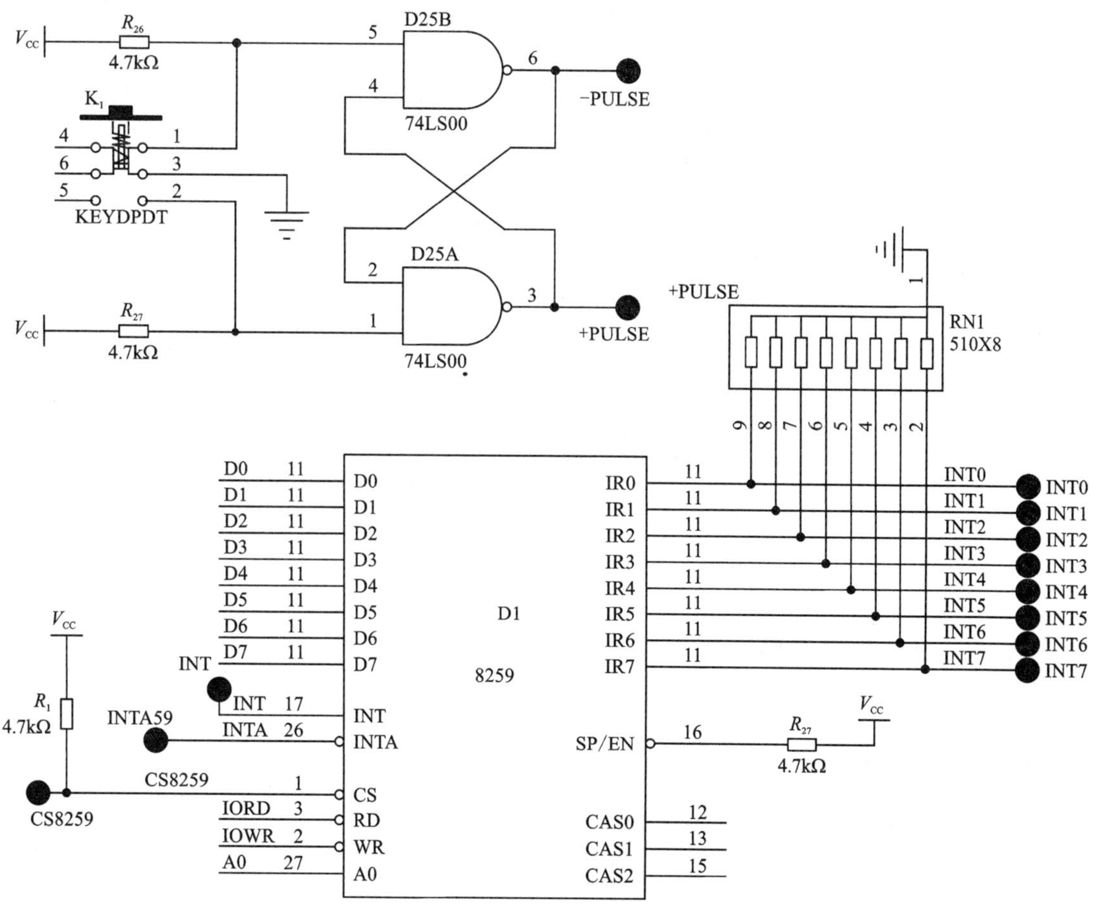

图 5.41　8259A 硬件中断实验电路

5.15.4　实验说明

(1)运行该实验程序的方法是：先通过加载选项将 8259A 的初始化程序与中断处理程序送到 RAM 中。

(2)本硬件中断0实验，中断方式为边沿触发、单片、全嵌套中断方式，且中断号从中断8开始。使用者可以根据自己的需要设定为其他中断方式，且中断号可以设定从任一中断号开始。

(3)实验方法：以硬中断0为例，先加载8259A主中断程序(假定地址为8100：0)，然后再加载中断程序IRQ0程序(假定地址为8200：0)。然后进入TALK WITH 88ET选项下，键入SW 0：0020 <回车>0000，8200 <回车>，再执行G8100：0 <回车>Y即可。这样设计的目的是为了让学生们更能理解中断的执行原理与过程。

5.15.5 实验程序框图

如图5.42，示例程序见8259A_88. ASM和IRQ0_88. ASM。

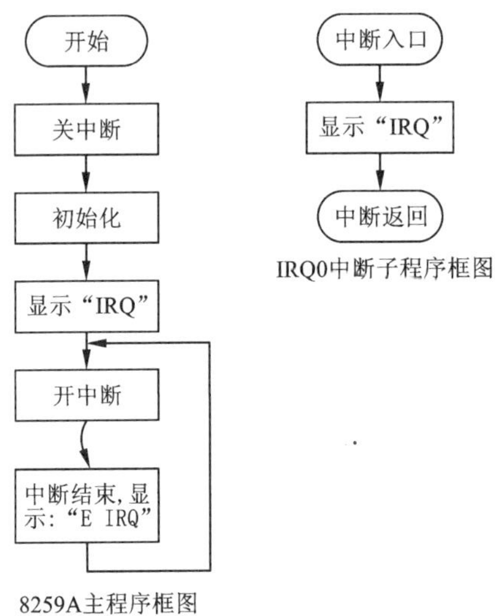

图5.42 实验程序框图

5.16 串并转换实验

5.16.1 实验目的

(1)掌握8031串行口方式I/O工作方式及编程方法。

(2)掌握利用串行口扩展I/O通道的方法。

5.16.2 实验内容

1. 实验原理图

如图5.43所示。

2. 实验内容

利用8031串行口和串行输入并行输出移位寄存器74LS164，扩展一个8位输出通道，用于驱动一个数码显示器，在数码显示器上循环显示从8031串行口输出的0~9这10个数字。

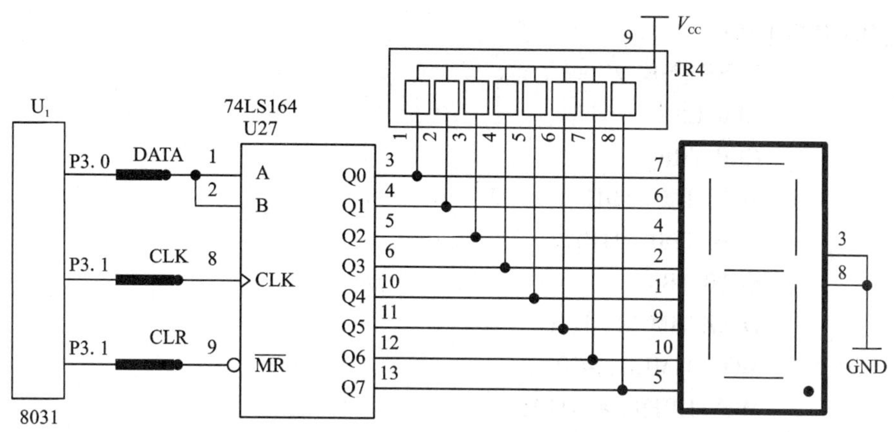

图 5.43 串并转换实验原理图

3. 实验说明

串行口工作在方式 0 时，可通过外接移位寄存器实现串并行转换。在这种方式下，数据为 8 位，只能从 RXD 端输入输出，TXD 端总是输出移位同步时钟信号，其波特率固定为晶振频率 1/12。由软件置位串行控制寄存器(SCON)的 REN 后才能启动串行接收，在 CPU 将数据写入 SBUF 寄存器后,立即启动发送。待 8 位数据输完后，硬件将 SCON 寄存器的 TI 位置 1，TI 必须由软件清零。

5.16.3 程序

程序清单：

```
TIMER EQU    01H
             ORG 000BH
             AJMP INT_T0
             ORG 0790H
START：MOV   SP, #53H
             MOV TMOD, #01H
             MOV TL0, #00H
             MOV TH0, #4BH
             MOV R0, #0H
             MOV TIMER, #20
             MOV SCON, #00H
             CLR TI
             CLR RI
             SETB TR0
             SETB ET0
             SETB EA
             SJMP $
```

```
INT_T0: PUSH ACC
        PUSH PSW
        CLR EA
        CLR TR0
        MOV TL0, #0H
        MOV TH0, #4BH
        SETB TR0
        DJNZ TIMER, EXIT
        MOV TIMER, #20
        MOV DPTR, #CDATA
        MOV A, R0
        MOVC A, @A+DPTR
        CLR TI
        CPL A
        MOV SBUF, A
        INC R0
        CJNE R0, #0AH, EXIT
        MOV R0, #0H
EXIT:   SETB EA
        POP PSW
        POP ACC
        RETI
CDATA: DB 03H, 9FH, 25H, 0DH, 99H, 49H, 41H, 1FH, 01H, 09H
       END
```

5.16.4 实验步骤

(1)将 S/P 区 DATA 插孔接 BUS 3 区 P3.0(RXD)插孔。

(2)将 S/P 区 CLK 插孔接 BUS 3 区 P3.1(TXD)插孔。

(3)将 S/P 区 CLR 插孔接 MP 区/SP 插孔。

(4)在 DVCC 系统处于仿真 1 态即“P.”状态下，将地址 000B 内容改为 E1B1，将状态切换为“P...”状态，从地址 0790H 开始连续执行程序。

(5)在扩展的一位数码管上循环显示 0~9 这 10 个数字。

5.17 8251 可编程串行口与 PC 机通信实验

5.17.1 实验要求

利用实验机内的 8251 芯片，实现与 PC 机通信。本实验实现以下功能：将从实验机键盘上键入的数字、字母显示到 PC 机显示器上，将 PC 机键盘输入的字符(0~F)显示到实验机的数码管上。

5.17.2 实验目的

(1)掌握8251芯片结构和编程，掌握单片机通信的编制。
(2)了解实现串行通信的硬环境，数据格式的协议，数据交换的协议。
(3)了解PC机通信的基本要求。

5.17.3 实验电路及连线

如图5.44，CS8251接228H；CS8279已固定接至238H。18模块中的232RXD连8251RXD；232TXD连8251TXD。30模块中的短路套都套在8279侧。将9芯电缆线的一端与EAT598板上的9芯插座相连，另一端与PC机的另一串口相连。

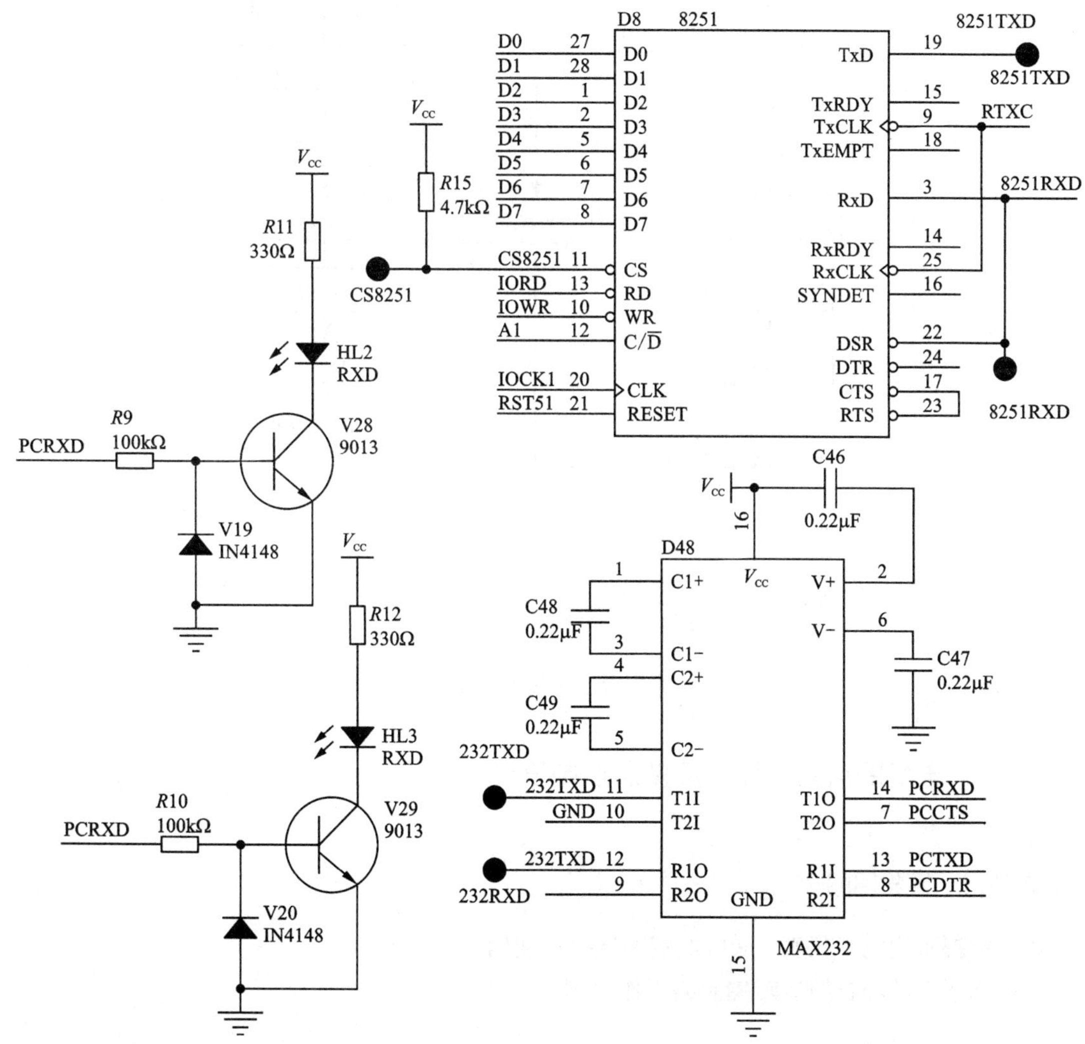

图5.44 8251可编程串行口与PC机通信实验电路

5.17.4 实验说明

程序执行时，应先进入调试菜单下的对话窗口中，然后执行 G8100：0(当然程序必须加载在 8100：0000)，同时应打开另一通信软件(比如 TERM95)(设 8251 的通信波特率为 9600)，选择另一串口，就可看到实验功能，观察实验演示效果。

5.17.5 实验程序及框图

如图 5.45，示例程序见 D8251_88. ASM。

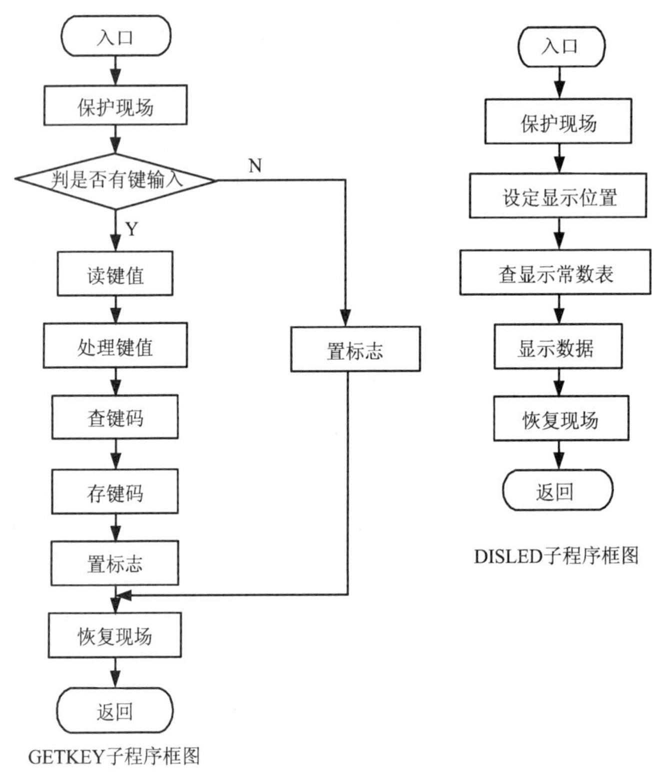

图 5.45 实验程序框图

5.18 电机的点动、长动及多点控制设计

5.18.1 实验目的

(1)掌握常用电工仪表、低压电器的选择和使用方法。
(2)掌握点动和自锁运转控制的工作原理。

5.18.2 实验器材

(1)电工刀、尖嘴钳、钢丝钳、剥线钳、旋具各 1 把。

(2)四种颜色(BV或BVV)、芯线截面为1.5 mm^2 和2.5 mm^2 的单股塑料绝缘铜线若干。

(3)电动机控制实验台1台。

(4)三极自动开关1个、熔断器4个、交流接触器1个、三元件热继电器1个、按钮2个。

(5)功率为4 kW的三相异步电动机DM01 1台。

5.18.3 实验前准备

(1)了解三相异步电动机运转控制电路的应用。

(2)熟练分析三相异步电动机点动和自锁运转控制电路的工作原理及动作过程。

(3)明确低压电器的功能、使用范围及接线工艺要求。

(4)设计出电机多点控制线路。

5.18.4 实验内容

1. 分析控制原理

(1)电机点动控制。电动机点动控制电路是利用按钮、接触器来控制电动机朝单一方向运转的,其控制简单、经济,维修方便。其控制线路如图5.46所示。

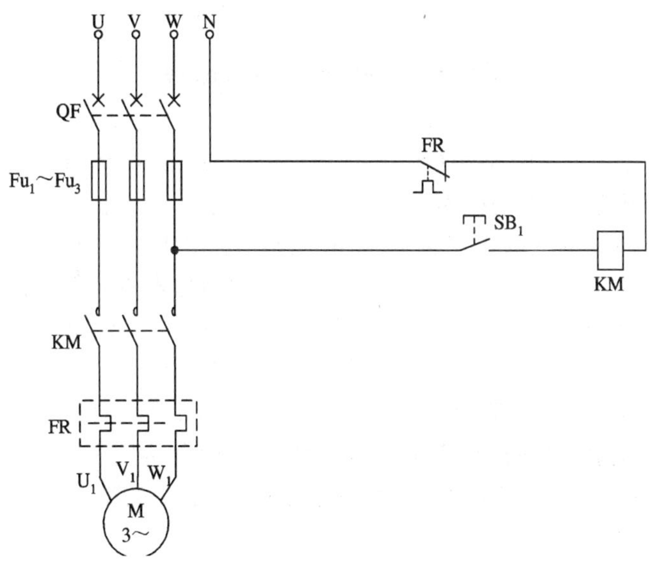

图5.46 电动机点动控制电路

(2)启动停止控制。合上电源断路器QF,按下启动按钮SB1→KM线圈得电→KM主触头闭合(辅助常开触头同时闭合)→电动机M启动并点动运行。当松开SB1时,它虽然恢复到断开位置,在松开SB1时,电动机停止。

(3)接线时,先接主回路,它是从380 V三相交流电源的输出端U、V、W开始,经熔断器、交流接触器的主触头、热继电器到电动机上,用导线按顺序分清颜色串联起来。主电路连接完整无误后,再连接控制电路。它是从220 V三相交流电源某输出端开始,经过熔断器、常开按钮SB1、接触器的线圈、热继电器的常闭触头到零线。用黑色线连接。

2. 电机长动控制

控制线路如图5.47所示。

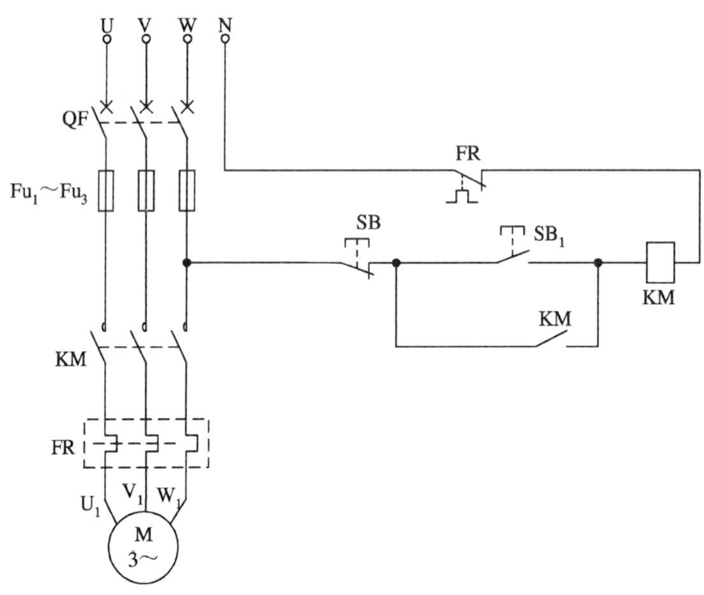

图5.47　电动机自锁运转控制线路

(1)启动控制。合上电源断路器QF，按下启动按钮SB1→KM线圈得电→KM主触头闭合(辅助常开触头同时闭合)→电动机M启动并单向连续运行。当松开SB1时，它虽然恢复到断开位置，但由于有KM的辅助常开触头与SB1并联，在KM动作时，KM的辅助常开触头也动作(即闭合)，因此KM线圈仍保持通电。这种利用接触器本身的常开触头使接触器线圈继续保持通电的控制称为自锁或自保，该辅助常开触头就叫自锁(或自保)触头。正是由于自锁触头的作用，在松开SB1时，电动机仍能继续运转，而不是点动运转。

(2)停止控制。按下停止按钮SB→KM线圈失电→KM主触头断开(KM自锁触头也断开)→电动机M停止运转。当松开SB时，其常闭触头虽恢复为闭合位置，但因接触器KM的自锁触头在其线圈失电的瞬间已断开，并解除了自锁，所以接触器KM的线圈不能继续得电，即电动机M停止转动。

5.18.5　思考题

试比较点动控制线路与自锁控制线路从结构上看主要区别是什么？从功能上看主要区别是什么？

5.19　三相异步电动机的正、反转控制电路

5.19.1　实验目的

(1)了解交流接触器、热继电器和按钮的结构及其在控制电路中的应用。

(2)学习异步电动机基本控制电路的连接。

5.19.2　实验仪器和设备

(1)交流接触器　　2台
(2)热继电器　　1个
(3)三位按钮　　1个
(4)三相电动机　　1台
(5)熔断器　　5个
(6)三相刀开关　　1个
(7)电工工具　　1套

5.19.3　实验线路及原理

(1)继电接触器控制大量应用于对电动机的启动、停止、正反转、调速、制动等控制，从而使生产机械按规定的要求动作；同时，也能对电动机和生产机械进行保护。

(2)图5.48是异步电动机正、反转控制电路。

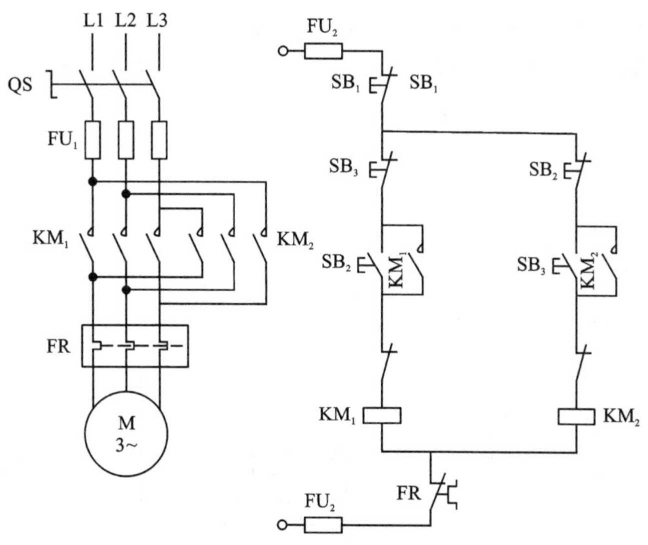

图5.48　双重联锁可逆运行控制电路

5.19.4　实验内容和步骤

(1)在实验板上找到交流接触器等，了解其结构及动作原理。

(2)通过实验，掌握基本电路的接线方法，即用线径较粗的导线接主电路(电动机暂不接入)，用线径较细的导线接控制电路。

(3)异步电动机正、反转线路连接好后，经老师检查后送电。

5.19.5 预习内容

复习异步电动机直接启动和正反转控制电路的工作原理。

5.19.6 实验总结与回答问题

(1)在电路的正确接线情况下，三位按钮的出线有几根？若接线不合理，最多有几根？
(2)此电路若需限位保护，限位开关接在何处？

5.20 A/D 转换实验

5.20.1 实验要求

编程用查询方式采样电位器输入电压，并将采样到的结果实时地通过 8279 显示在数码管上(只须显示一位即可。用 0 ~ F 表示 0 ~ +5 V 电压)。

5.20.2 实验目的

(1)掌握 A/D 芯片 AD0809 的转换功能及编程方法。
(2)学习 A/D 芯片与其他芯片(如 8279)接口的方法，初步建立系统的概念。

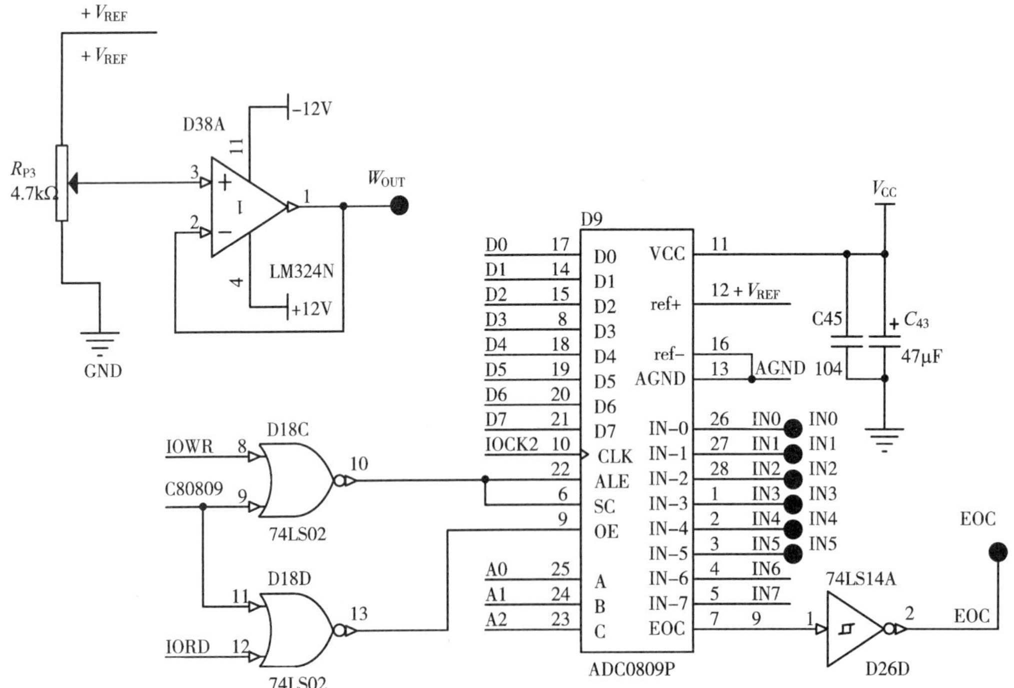

图 5.49 A/D 转换实验电路

5.20.3　实验电路及连接

如图5.49，CS8279已固定接88译码238H，A/D的CS0809插孔接译码处208H插孔，0809的IN0接至30模块电位器中心抽头 W_{out}(即0～5 V)。30模块中的十个短路套都套8279侧。

5.20.4　实验说明

本实验中所用A/D转换芯片为逐次逼近型，精度为8位，每转换一次约100 μs，所以程序若为查询式，则在启动后要加适当延时。另外，0809芯片提供转换完成信号(EOC)，利用此信号可实现中断采集。有兴趣者可自行编制程序。

5.20.5　实验程序框图

如图5.50，示例程序见DAD_88.ASM。

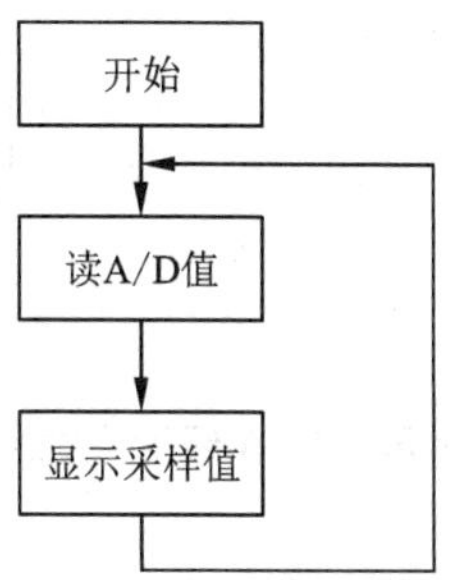

图5.50　实验程序框图

5.21　D/A转换实验

5.21.1　实验要求

编写程序，使D/A转换模块循环输出三角波和锯齿波。

5.21.2　实验目的

(1)掌握DAC0832芯片的性能、使用方法及对应硬件电路。
(2)了解D/A转换的基本原理。

5.21.3　实验电路及连线

DAC0832的片选CS0832通过插线接译码器228H。用示波器测量 V_{OUT} 脚波形。

5.21.4　实验程序框图

如图5.51、图5.52，示例程序见DDA_88.ASM。

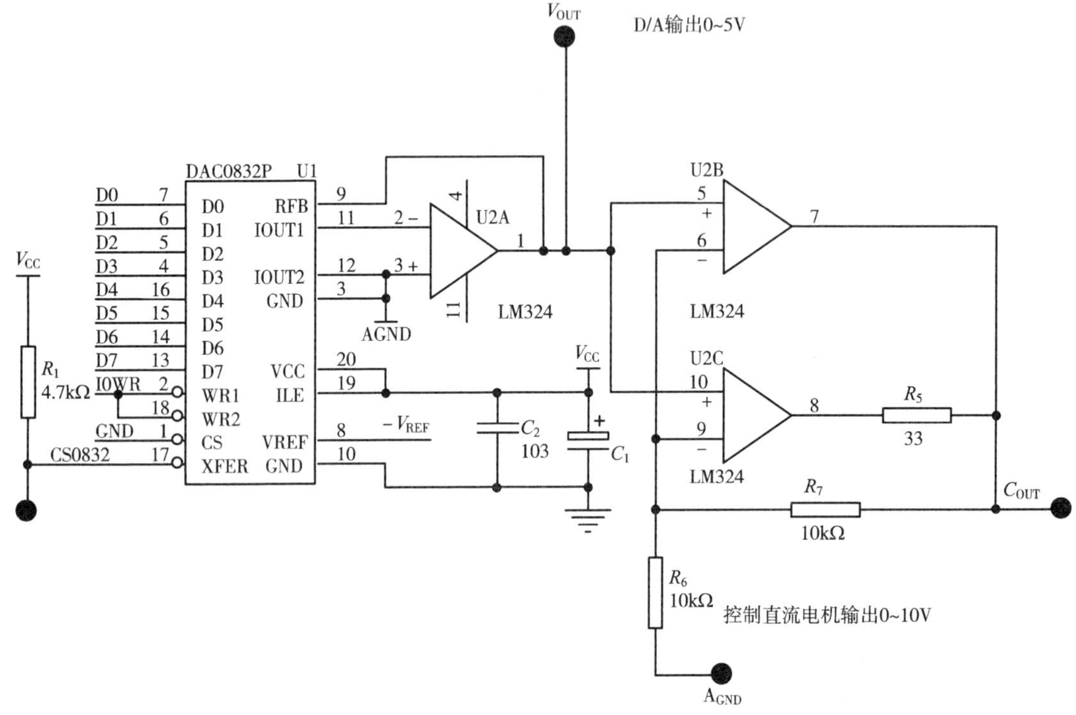

图 5.51 D/A 转换实验电路

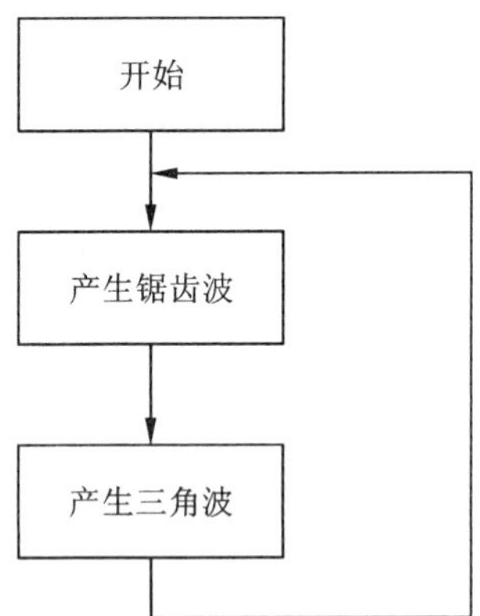

图 5.52 实验程序框图

5.22 温度控制实验

5.22.1 实验要求

编制程序，将温度控制在某一设定值。

5.22.2　实验目的

学会温度控制的一种方法。

5.22.3　实验电路及连接

如图5.53，T－DETECT接0809的IN0口，T－CON接8255的PC6，CS0809接208H，CS8279已固定接至238H，CS8255接218H。

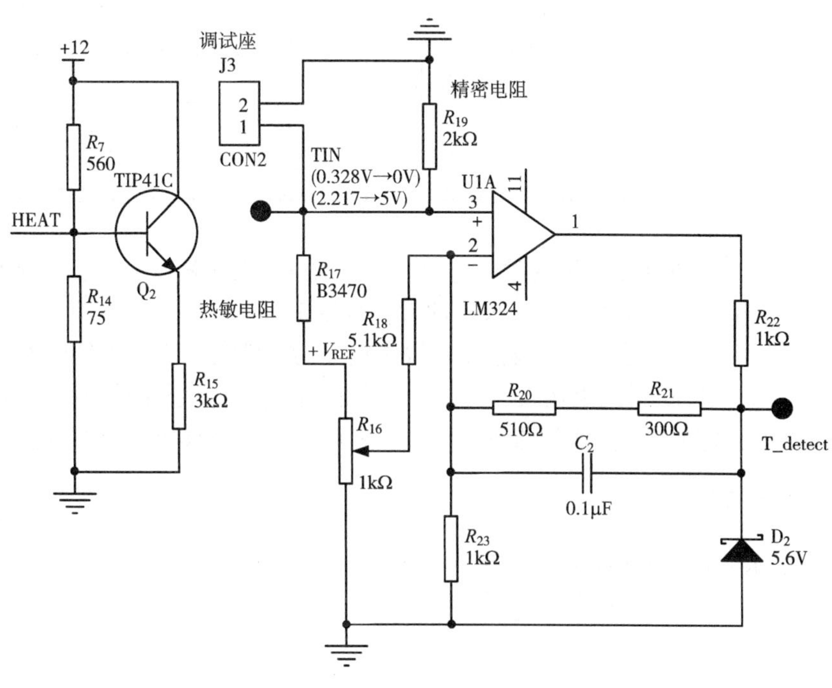

图5.53　实验电路

5.22.4　实验说明

温度通过热敏电阻，将温度变化量转化成电压值变化量，经过OP07一级跟随后输入到电压放大电路，放大后的信号输入到A/D转换器，将模拟信号转换成数字信号，利用CPU采集并存储采集到的数据。

本实验电路由加热机构和热敏电阻组成。加热机构由三极管和散热片构成。加热控制信号由8255的输出口PC6控制，高电平为加热，低电平为停止加热。通过控制PC6点的电平，可以控制加热及速度。系统靠风扇冷却降温。

温度采集使用热敏电阻，转换成电压值送出。该输出量经上图放大器放大后，可以经A/D转换器转换成数字量，编制程序，实现采集和控制温度。

扩展平台上测温机构输出电压经放大送至插孔T－detect(简称T孔)，使用A/D转换器采样T孔的值，根据表5.39关系采用分段直线拟合就可以得到当前温度。

调节精密可调电位器R_{P5}的值可以实现调零(即0℃时，T点电压输出为0。注意机器出厂前已经调零了)。

表 5.39　直线拟合关系表

温度/℃	T 点电压/V	温度/℃	T 点电压/V
0	0	40	1.92
5	0.15	45	2.27
10	0.32	50	2.64
15	0.52	55	3.02
20	0.75	60	3.39
25	1.01	65	3.77
30	1.29	70	4.16
35	1.61	75	4.55

由于热敏电阻和温度测量系统的放大部分存在非线性，在测量过程中，会带来系统测量误差。为了进一步提高测量精度，可以采用软件进行校正。

在该实验中，利用键盘输入设定温度值，按小键盘的“D”键开始输入(两位)温度值，十位在前，个位在后，用“E”键结束输入。当系统采集的温度值低于设定值时，开通加热系统，反之，当温度高于设定值时，关闭加热系统降温。利用 8255 的 PS6 控制系统加热。

5.22.5　实验程序框图

如图 5.54，示例程序见 CON－T－88.ASM。

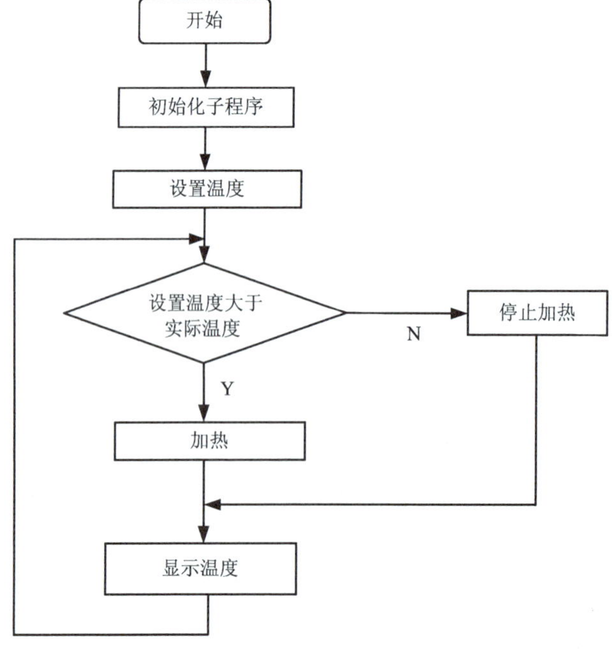

图 5.54　实验程序框图

5.23 8253 定时/计时器实验

5.23.1 实验要求

编程将 8253 的定时器0 设置为方式3(方波0)，定时器1 设置为方式2(分频)，定时器2 设置为方式2(分频)。定时器0 输出的脉冲作为定时器1 的时钟输入。定时器1 的时钟输出作为定时器2 的输入，定时器2 的输出接在一个 LED 上，运行后可观察到该 LED 在不停地闪烁。也可用示波器观察各对应引脚之间的波形关系。

5.23.2 实验目的

了解 8253 定时器的硬件连接方法及时序关系。掌握 8253 的各种模式的编程及其原理，用示波器观察各信号之间的时序关系。

5.23.3 实验电路及连线

如图 5.55，8253 中 $GATE_0$、$GATE_1$、$GATE_2$接 +5 V，CLK_0接 12 模块的频率插孔(153.6 kHz)，CLK_1接 OUT_0，CLK_2接 OUT_1，OUT_2接 L_1灯，CS8253 接 228H 孔。

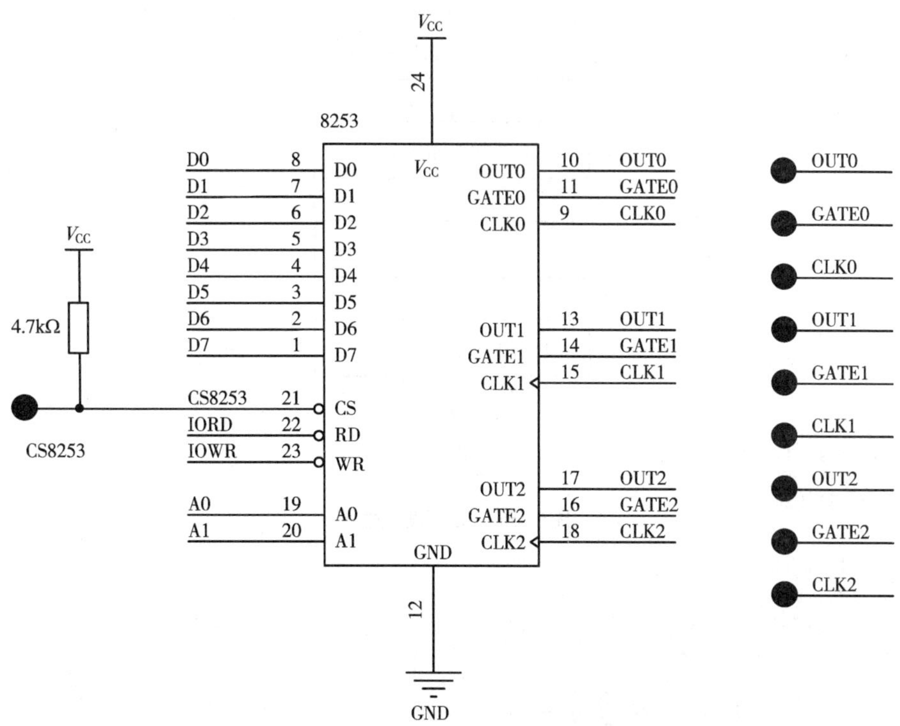

图 5.55 8253 定时/计时器实验电路

5.23.4 实验说明

8253 的工作频率是 0 ~ 2 MHz，所以输入的 CLK 频率必须在 2 MHz 以下。

运行本程序后，用示波器观察 8253 的 OUT_0、OUT_1、OUT_2 脚上的输出波形，同时可以看到 L_1 灯在不停地闪烁。

5.23.5 实验程序框图

如图 5.56，示例程序见 8253 - 88. ASMS。

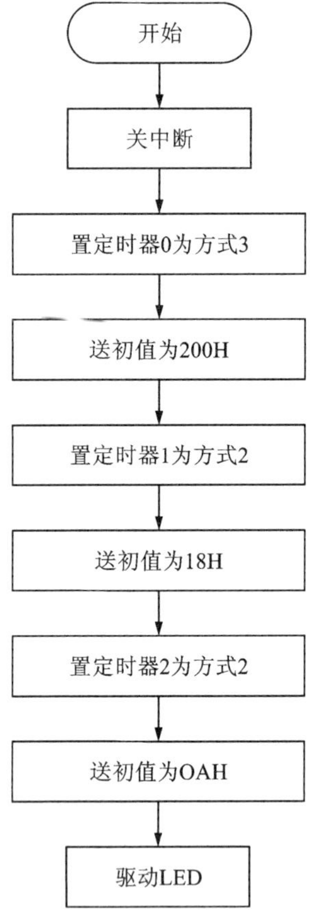

图 5.56 实验程序框图

设计性实验

6.1 线性动态网络响应的研究

6.1.1 实验目的

(1)研究 RC(一阶)电路的过渡过程，测定时间常数。

(2)研究 RC 微分电路与积分电路。

(3)研究 RLC(二阶)串联电路的过渡过程，分析电路参数过渡过程不同状态影响，测量电路的固有频率。

(4)学习使用脉冲信号发生器以及学会用示波器观察波形。

6.1.2 实验原理及说明

1. 一阶电路的过渡过程

在图 6.1 所示的 RC 电路中，电容是一个储能元件。换接电路时，电容两端的电压不能发生突变。所以，电路从换路前的稳定状态到换路后的稳定状态就需要一定的过程，称为过渡过程。这个过程是随时间按指数规律变化的。如图 6.1 所示。时间常数 t 是标志这个过渡过程变化快慢程度的一个重要物理量。虽然 RC 电路的过渡过程很短，但在某些电子路线中却起着重要的作用。理论上，RC 串联电路在零初值下，接通直流电源时电容电压为：

$$u_C(t)=U_S(1-e^{-\frac{t}{\tau}})\quad(\tau=RC)$$

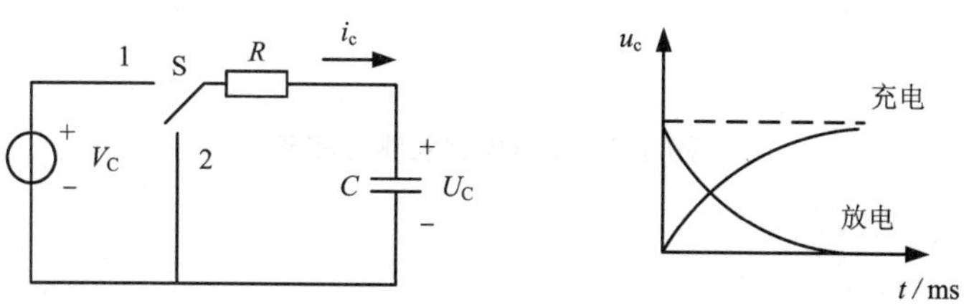

图 6.1 RC 电路及充放电波形

电路中的电流为：$i_C(t)=\frac{V_s}{R}e^{-\frac{t}{\tau}}$

如果电容器已充电到 U_S，然后经电阻放电[图 6.1 中 S→2]，则电容电压为：

$$u_C(t) = U_C e^{-\frac{t}{\tau}}$$

电路中的电流为：$i_C(t) = \frac{U_S}{R} e^{-\frac{t}{\tau}}$

无论充电放电，原则上只要记下不同时刻的电压或电流，就可作出 $U_C(t)$ 或 $i_C(t)$ 曲线。时间常数 $t = RC$ 决定了 $U_C(t)$ 或按指数规律增长或衰减的快慢，可以用公式计算，也可从 $U_C(t)$、$i_C(t)$ 曲线上求出。但实际上，由于时间常数 t 值一般很小，电路在换路后很快达到稳定状态，一般仪表来不及反映，因此，无法用仪器观察电压或电流的变化规律，而利用示波器可以观察到周期性信号的变化规律，因此，只要使过渡过程按一定周期重复出现，就可以观察到过渡过程的波形。所以，本次实验采用一定频率的周期性矩形脉冲作为 RC 电路的输入信号。如图 6.2 所示，它对电路的作用可以解释如下：

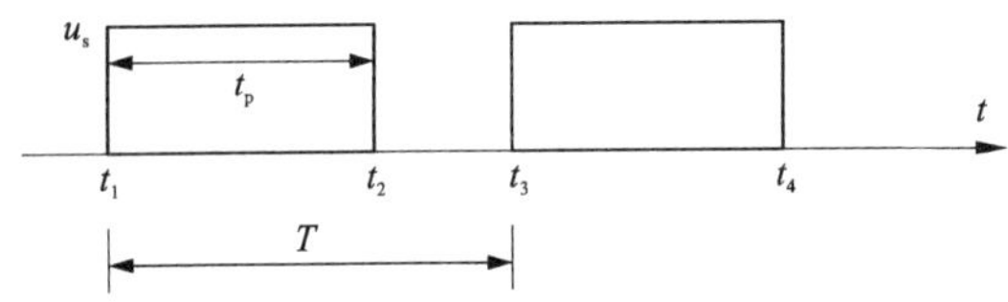

图 6.2　矩形脉冲

在 t_1、t_3时刻，输入电压由零跳变到 U_S，相当于使电路突然接入一个直流电流 U_S，电容器充电；在 t_2、t_4时刻，输入电压又由 U_S跳变为零，相当于使电路输入端突然短路，电容器放电。这样当矩形波按一定周期性重复时，电容器将不断充电或放电，电路中便出现重复性过渡过程，可以从示波器上观察到其波形的变化。

2. 微分电路和积分电路

微分电路和积分电路实际上是 RC 电路充放电过程的一种应用。

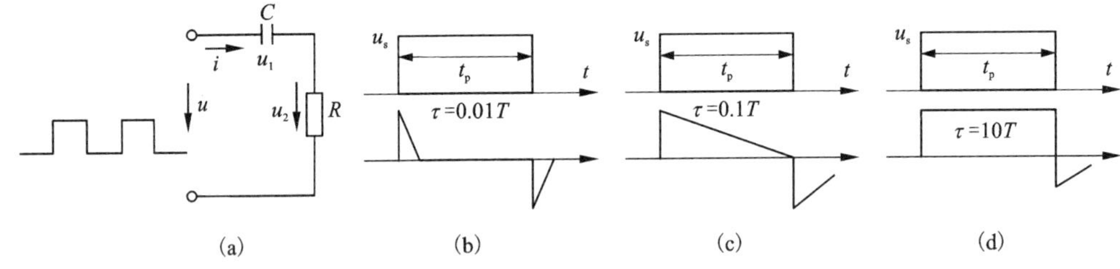

图 6.3　微分电路及输出波形

(1)微分电路。

在图 6.3(a)电路中，输出电压 $u_O = u_R = Ri = RC\frac{\mathrm{d}u_1}{\mathrm{d}t}$。

当电路的时间常数 t 值很小时，电容充放电很快，除了电容器开始充电或放电的一段极短的时间之外，都有 $u_s = u_1 + u_R \approx u_e \gg u_R$。

因而，$u_O = RC\frac{\mathrm{d}u_s}{\mathrm{d}t}$。

输出电压 u_0 近似与输入电压 u_S 对时间的微分成正比，这种电路称为“微分电路”。

当输入电压 u_S 为矩形脉冲（尖脉冲），如图 6.3（b）所示，此时微分作用显著。当 $t=0.2t_p$ 时，微分作用减小［图 6.3（c）］，当 $t \gg t_p$ 时，输出电压 u_0 的波形基本上与输入电压 u_S 波形一致［如图 6.3（d）］，这时电路失去了微分作用，称为阻容耦合电路。

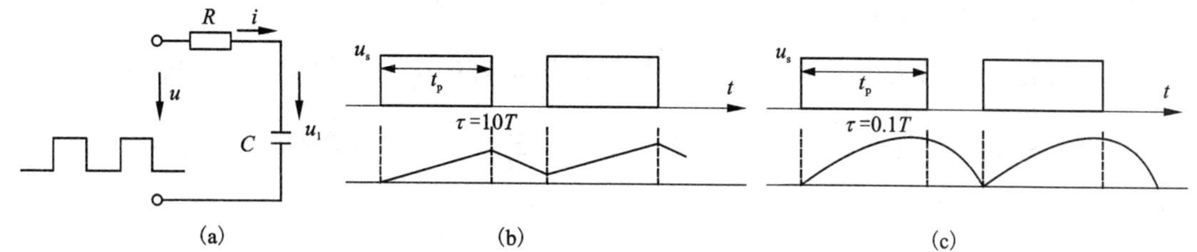

图 6.4 积分电路及输出波形

（2）积分电路。

在图 6.4（a）电路中，输出电压 $u_0=u_C=\frac{1}{C}\int i\mathrm{d}t=\frac{1}{C}\int\frac{u_R}{R}\mathrm{d}t=\frac{1}{RC}\int u_R\mathrm{d}t$。当电路的时间常数 t 很大时，电容充放电很缓慢，即 u_C 增长或衰减很缓慢，有：$u_0=u_C \ll u_{RLD}$。因此，$u_S=u_R+u_C=u_R$。

则：
$$u_0=\frac{1}{RC}\int u_S\mathrm{d}t$$

输出电压 u_0 与输入电压 u_S 近于成积分关系，这种电路称为“积分电路”。

当输入电压 u_S 为矩形脉冲，且 $t \gg t_p$ 时，输出电压 u_0 是三角波［图 6.4（b）］。当 $t \ll t_p$ 时，u_0 的波形如图 6.4（c）所示。电路失去了积分作用。

3. 二阶电路的过渡过程

RLC 串联电路如图 6.5 所示，在矩形脉冲作用下，相当于电路周期性地接通于直流电源和短接放电，因而有放电过程的微分方程：

$$LC\frac{\mathrm{d}^2u_C}{\mathrm{d}t^2}=RC\frac{\mathrm{d}u_C}{\mathrm{d}t}=u_C=0$$

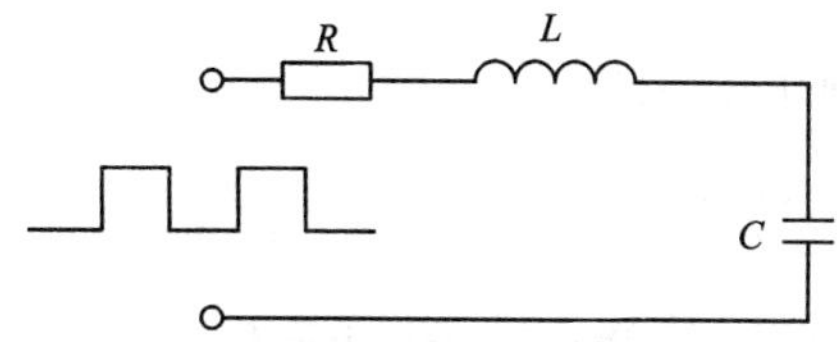

图 6.5 *RLC* 串联电路

其特征根为：

$$p=-\frac{R}{2L}\pm\sqrt{\left(\frac{R}{2L}\right)^2-\frac{1}{LC}}$$

当 $R>2\sqrt{\dfrac{L}{C}}$时，电路中产生的过程是非振荡性质的，称为阻尼状态。

当 $R>2\sqrt{\dfrac{L}{C}}$时，过程是振荡性质的，称为欠阻尼状态。

当 $R>2\sqrt{\dfrac{L}{C}}$时，过程是临近振荡非振状态，称为临界阻尼情况。

若是振荡型，电源为矩形脉冲，则 u_C 时变化为如图 6.6 实线所示，这是衰减的正弦振荡。其角频率：$\omega_0=\sqrt{(\dfrac{R}{2L})^2-\dfrac{1}{LC}}$，衰减系数：$\delta=\dfrac{R}{2L}$，均可由实验的方法测出 u_C 曲线后求得。

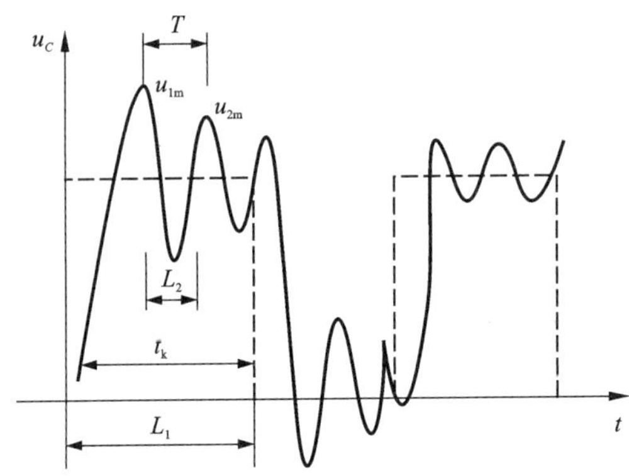

图 6.6 u_C 的波形

（1）确定 ω_0：$\omega_0=\dfrac{2\pi}{T}$(rad/s)，其中，T 是 u_C 的振荡周期(s)，可由已知的方波持续时间 t_k求出，即：

$$\frac{T}{L_1}=\frac{t_k}{L_2}$$

式中：L_1、L_2——T、t_k对应波形的长度，cm。

（2）衰减系数 δ 可由下列计算：

因为 $\dfrac{V_{1m}}{V_{2m}}=e^{\delta T}$　　所以 $\delta=\dfrac{1}{T}\ln\dfrac{V_{1m}}{V_{2m}}$

式中：V_{1m}、V_{2m}为相邻两个波形的极大值。

6.1.3 实验设备（见表 6.1）

表 6.1 实验设备表

名　称	型　号	数　量
脉冲信号发生器	XFD－8A	1 台
幅频示波器	SBR－1	1 台
实验电路板	自制	1 块
多圈电位器	1K	1 个

6.1.4　实验步骤

(1)按图6.7接线，调节脉冲信号发生器，使其输出矩形波，并调节使其频率$f=1000\ \text{Hz}$，即周期$T=1\ \text{ms}$，而脉宽为0.5 ms，并用示波器显示出来。

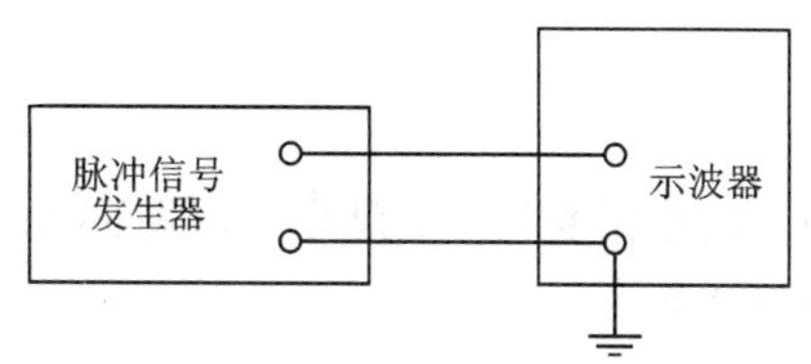

图6.7　实验接线图

(2)将电路板上的开关闭合，电路接线如图6.3(a)，将信号发生器的矩形脉冲接入输入端，分别观察并描绘$\tau_1=0.01T(R_1=100\ \Omega)$，$\tau_2=0.1T(R_2=1\ \text{k}\Omega)$，$\tau_3=T(R_3=10\ \text{k}\Omega)$，$\tau_4=10T(R_4=100\ \text{k}\Omega)$四种情况下的输出波形$u_0=u_R$。

(3)在$t=0.1T$的$u_C(t)=f(t)$的曲线上求值，并与计算值($t=RC$)比较。

(4)按图6.4(a)接线，仍输入$T=1\ \text{ms}(t_p=0.5\ \text{ms})$的矩形脉冲，观察并描绘$t_1=10T$、$t_2=0.1T$两种情况下的输出波形$u_0=u_C$。

(5)按图6.8接线，输入周期仍为1 ms的矩形波，记录其幅值。改变电阻R值，使电路分别处于振荡和非振荡状态。

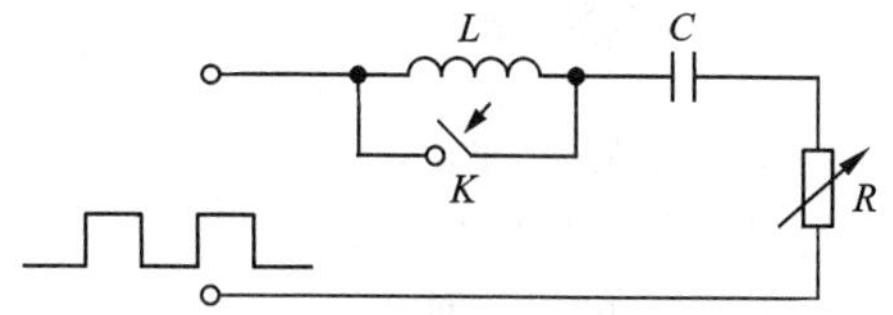

图6.8　二阶电路实验线路图

(6)观察并描绘$u_C(t)$、$i(t)$的波形，分析电路参数对过渡过程的影响。

(7)描绘出$u_C(t)$、$i(t)$的波形，分析电路参数对过渡过程的影响。

6.1.5　问题讨论

(1)整理各项实验结果，并画好各波形图。

(2)分析电路参数对微分电路和积分电路的影响。

(3)计算电路中的ω_0、δ值，与实测值比较，分析产生误差的原理。

6.2　延时熄灯拉线开关电路

6.2.1　实验目的

(1)巩固电路理论知识。

(2)提高电路分析能力。

(3)提高学生设计能力。

6.2.2 实验设备及器件

(1)万用表　　　　　　　1个
(2)晶闸管　　　　　　　1个
(3)电容、二极管　　　　若干

6.2.3 设计要求

(1)在关灯时拉一下开关，灯光亮度减小，延迟一段时间熄灭。
(2)开关电路最大负载为100 W。
(3)延迟时间为1 min。

6.3 正弦稳态电路相量的研究

6.3.1 实验目的

(1)掌握用三表法测量交流电路器件参数的方法。
(2)掌握单片机功率表的使用及电路有功功率的测量方法。

6.3.2 实验仪器

(1)电工电路实验台。
(2)日光灯，启辉器等。
(3)九孔方板及元件。

6.3.3 实验要求

(1)自拟实验方案，要求通过实验的方法得出荧光灯电能阻抗的性质。
(2)用三表法测出元件电路参数。
(3)荧光灯电路功率因素测量。

6.4 动态实验电路的设计

6.4.1 实验目的

(1)学习掌握示波器观察和分析电路的响应。
(2)掌握简单动态电路的基本设计方法。
(3)加深对衰减常数、震荡周期等概念的理解。

6.4.2 实验设备

(1)电工电路实验台。
(2)其他元器件自选。

6.4.3　设计要求

(1)设计一个一阶 *RC* 串联电路。

(2)要求电容电压的充电上升时间($0u_S \sim 0.9u_S$)为 0.01 s，放电下降时间($1u_S \sim 0.1u_S$)为0.015 s。

(3)进行误差分析。

6.5　受控源电路的设计

6.5.1　实验目的

(1)了解运算放大器的组成及四种受控源的电路原理。

(2)学会测试受控源的转移特性及负载特性。

(3)应用运算放大的电路设计不同类型的受控源。

6.5.2　实验仪器

(1)电路实验台。

(2)数字万用表。

(3)运算放大器。

6.5.3　设计要求

(1)要求自选运算放大器，设计四种受控源电路。

(2)根据实验数据，判断相应转移函数或负载曲线设计电路是否满足要求。

6.6　*RC* 正弦波振荡器实验

6.6.1　实验目的

(1)进一步掌握模拟运算电路线性运用时的基本方法。

(2)进一步熟悉几种典型的 *RC* 选频网络的特性。

(3)熟练掌握 *RC* 正弦波振荡器电路的组成及振荡条件。

(4)掌握 *RC* 正弦波发生器的设计和实际调试方法。

(5)学习应用集成运算放大器构成其他形式的信号发生器。

6.6.2　实验器件与设备

(1)模拟电路实验台

(2)万用电表　　　　　　1 块

6.6.3　实验原理与步骤

1. *RC* 选频网络实验原理

三级 *RC* 相移网络如图 6.9 所示，其电阻元件和电容元件的量值都相同，它的网络函数为：

$$H(jw)=\frac{\dot{U}_0}{\dot{U}_i}=-(\frac{5}{w^2R^2C^2-1})-j(\frac{6}{wRC}-\frac{1}{w^3R^3C^3})$$

当 $w=w_0=\frac{1}{\sqrt{6}RC}$时，网络的相移是180°，其网络函数的大小是1/29，因此，可以用三级 *RC* 相移网络构成振荡器(如图6.10所示)，电路对主放大电路的要求是：电压放大倍数 $|\dot{A}|>29$，相移是180°。

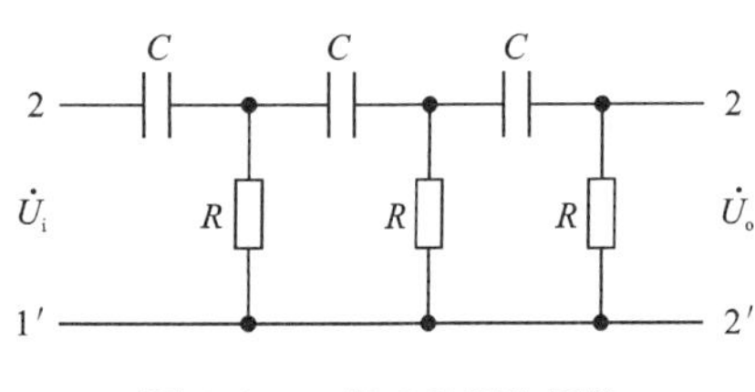

图6.9 三级 *RC* 相移网络

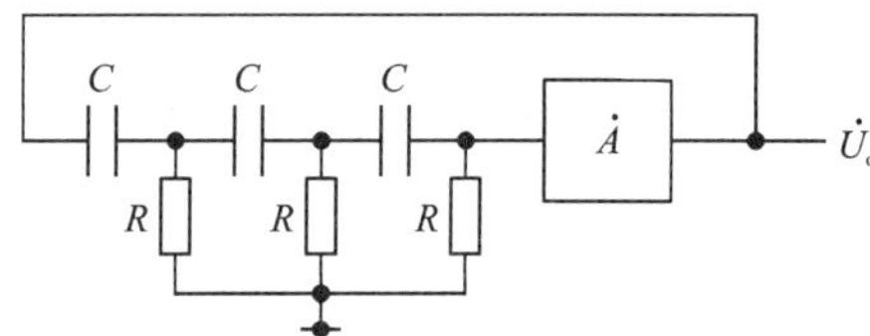

图6.10 三级 *RC* 相移网络构成的振荡器

如果由于电容器附加相移的影响，图6.10中的主放大器的相移不恰好是180°，则信号可能在闭环的多次反馈中因为相位相同而得到增强，这样，只要在多次循环中同时满足了幅值和相位的条件，则图6.10仍然能够产生振荡，但振荡频率不再等于 w_0。

2. 实验步骤

(1)参考图6.10搭建三级 *RC* 相移网络振荡器，要求电路的负反馈电路由三级 *RC* 相移网络构成，并可以调节基本放大器的放大倍数。

(2)按步骤对三级 *RC* 相移网络振荡器进行调试，记录调试步骤，测试出振荡频率，与 *RC* 相移网络的理论值进行比较，分析误差原因。

(3)观察波形的失真情况和稳定性，说明其原因。

3. 文氏电桥振荡器原理

文氏电桥正弦波发生器电路如图6.11所示，它由 *RC* 串并联选频网络和同相放大器两部分组成。当 $f=1/2\pi RC$ 时，$u_P=u_O/3$，且 u_P 与 u_O 同相位。此电压加至同相放大器的输入端，形成正反馈，故已满足振荡的相位条件。只要使得同相放大器的放大倍数 $A_f\geqslant3$，即满足了振荡的幅度条件。为了达到自动稳幅的目的，可接入非线性元件 D_1、D_2。在振荡过程中 D_1、D_2 将交替导通，二极管的正向电阻与 R_1 并联。导通管的正向电阻因振荡幅值变大而减小，输出幅度愈大，并联等值电阻值愈小，使负反馈加强，闭环增益下降，使输出幅度减小。反之，导通管正向电阻增大，使负反馈削弱，达到自动稳幅的目的。调节 R_P 可以改变输出幅度，改善失真情况。

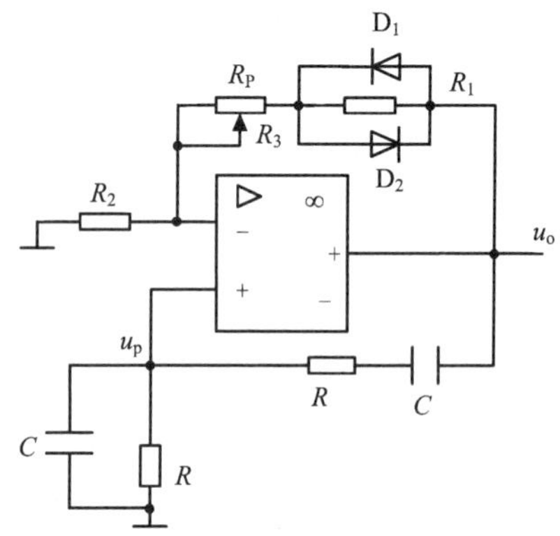

图6.11 文氏电桥正弦波发生器

4. 方波发生器

简单的方波发生器电路如图 6.12 所示，6.13 是其工作波形。

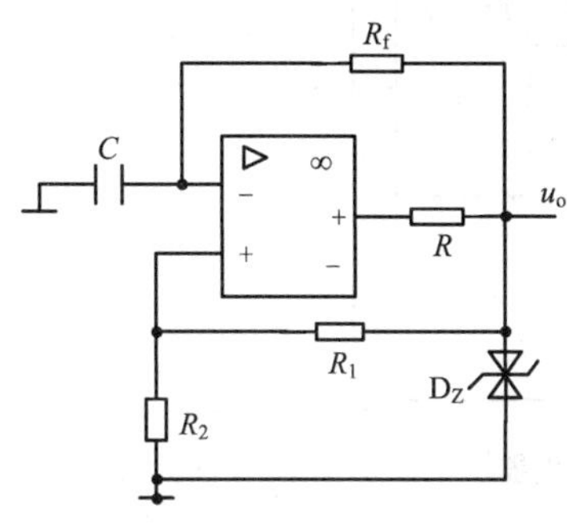

图 6.12 方波发生器电路图

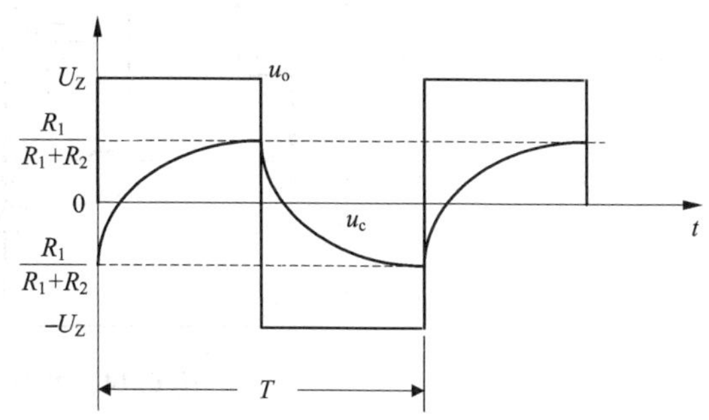

图 6.13 方波发生器工作波形图

此电路实际上是由一个迟滞电压比较器和一个 RC 充放电回路构成的负反馈网络组成。由于迟滞电压比较器的门限电压随着输出电压的变化而变化，而负反馈信号取自电容 C 上，故由电容 C 加在反相输入端的输入信号落后于同相端的门限电压的变化，只有当输入电压达到门限电压后，输出状态翻转，电路进入另一个暂稳态，如此循环不已，在输出端得到了周期性的方波信号。其振荡频率为：

$$f = \frac{1}{2R_f C\ln(1 + 2\dfrac{R_2}{R_1})}$$

可见，方波频率不仅与负反馈回路参数 $R_f C$ 有关，还与正反馈回路的电阻 R_1、R_2 的比值有关。图中 R 和双向稳压管 D_Z 起到限制输出电压幅值的作用。

5. 方波 - 三角波发生器

三角波电压可以经过方波电压积分得到，在上面的方波发生器电路中，电容电压已接近三角波了，只是线性度较差而已。如果以一线性积分环节来代替 $R_f C$ 积分电路，则其输出电压 u_O 必为理想的三角波。图 6.14 是由一个同相迟滞电压比较器和一反相积分器构成的三角波发生器。积分器的输出电压 u_O 和比较器的输出电压 u_{O1} 共同作用于 A_1 的同相输入端 P 点，当 P 点电压达到比较器的触发电平时，比较器翻转，积分器的积分方向也随之改变，从而在比较器的输出端形成方波，在积分器的输出端形成三角波。

由图可见，迟滞电压比较器 A_1 的反相输入端接地，而同相输入端接有两路输入信号，一路输入信号为 u_{O1}，另一路输入信号为 u_O，实际上是一求和型比较器。当电位器 $R_P = 0$ 时，其触发电平为：$u_O = \pm\dfrac{R_2}{R_1}U_Z$。

可求得振荡频率：

$$f = \frac{1}{T} = \frac{R_2}{R_1}\frac{1}{4RC}$$

6. 设计正弦波振荡器和方波 - 三角波发生器

应用所给器件设计有稳幅二极管的正弦波振荡器、无稳幅二极管的正弦波振荡器和方

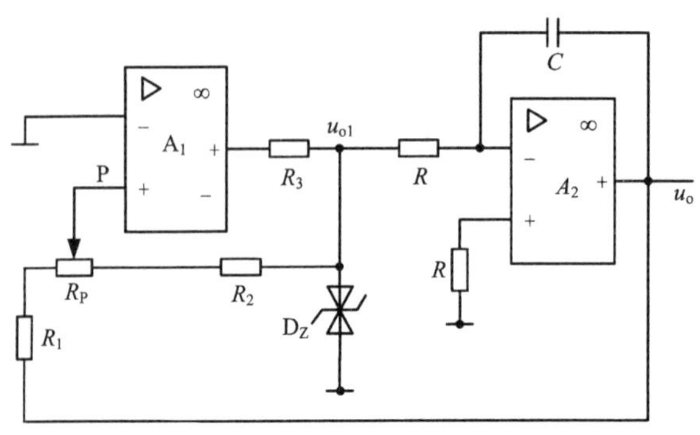

图 6.14 方波 – 三角波发生器

波 – 三角波发生器，并进行测试。

6.6.4 实验仪器、设备和元器件

运算放大器 μA741 2 片，电阻、电容若干；交流毫伏表 1 台；双路直流稳压电源 1 台；数字万用表 1 个；双踪示波器 1 台；模拟、数字电路实验箱 1 台。

6.6.5 预习内容

(1)熟悉所用集成运算放大器 μA741 的管脚排列及 ±12 V 电源的接法。复习集成运算放大器及有关各波形产生电路的工作原理。

(2)按实验中所给参数，计算正弦波振荡器的振荡频率(不考虑稳幅二极管作用，电位器取中值)。

(3)按实验中所给参数，计算方波，方波 – 三角波振荡器的振荡频率(电位器取中值)，估算输出电压的幅值。

6.6.6 实验总结报告

(1)整理正弦波振荡器实验数据，验证相位平衡、幅度平衡条件。将实验中所测频率值与预习计算值比较。

(2)整理方波、方波 – 三角波振荡器实验数据，将实验中所测频率值与预习计算值比较。

(3)用方格纸描绘实验中观察到的各信号波形，波形图需要标明各坐标值。

6.7 运算放大器电路的应用与设计

6.7.1 实验目的

掌握多端元件的分析、应用能力，熟悉运算放大器的各种基本应用电路的设计。

6.7.2 实验内容

自行设计一个用运算放大器和电阻组成的电路，其输出电压为：$2x - y + z$。

其中 x、y、z 分别表示三个输入电压的值，要求在 x、y、z 不超过10 V，同时每一个电阻的功率不超过0.5 W 的情况下，确定各电阻的值，并测量出随着输出电压和输入电压的比值。

6.7.3　实验方法

在实验台上完成。

6.7.4　实验要求

(1)按要求设计出电气原理图，并说明设计电路中电阻大小的理由。
(2)定性观察随着设计电路中电阻的改变，输出电压和输入电压的比值变化，并说明原因。

6.8　用运算放大器组成万用电表的设计与调试(电路)

本实验为应用型设计，内容是交直流电压、电流表和欧姆表电路的设计、组装、调试和指标校正。

6.8.1　实验目的

(1)进一步熟悉运算放大器的工作原理和万用电表的测量原理。
(2)掌握用运算放大器设计万用表各单元电路的基本方法。
(3)明确对单元电路进行综合，进行电子工程整体设计的方法。

6.8.2　实验器件

(1)表头：灵敏度为1 mA，内阻为100 Ω。
(2)运算放大器(自选，μA741参考)。
(3)电阻器：均采用1/4 W的金属膜电阻器。

6.8.3　实验要求

(1)直流电压表：满量程 +6 V。
(2)直流电流表：满量程10 mA。
(3)交流电压表：满量程6 V，50 Hz ~ 1 kHz。
(4)交流电流表：满量程10 mA。
(5)欧姆表：满量程分别为1 kΩ，10 kΩ，100 kΩ。

6.8.4　实验提示

(1)在测量中，电表的接入应不影响被测电路的原工作状态，这就要求电压表应具有无穷大的输入电阻，而电流表的内阻应为零。但实际上，万用电表表头的可动线圈总有一定的电阻，例如100 μA的表头，其内阻约为1 kΩ，用它进行测量时将影响被测量，引起误差。此外，交流电表中的整流二极管的压降和非线性特性也会产生误差。如果在万用电表中使用运算放大器，就能大大降低这些误差，提高测量精度。

(2)在欧姆表中采用运算放大器，不仅能得到线性刻度，还能实现自动调零。

在连接电源时，正、负电源连接点上各接大容量的滤波电容器和0.01～0.1 μF 的小电容器，以消除通过电源产生的干扰。

(3)万用电表的电性能测试用标准电压表和电流表校正，而欧姆表用标准电阻校正。

6.8.5 实验要求

(1)根据给出的设计要求设计系统原理图，列出元件清单。
(2)列出实验步骤。
(3)用实物独立组装、调试过程中遇到的问题，找出原因及解决方法。
(4)总结本次实验的收获和体会。
(5)交出完整实验报告。

6.9 波形发生器

6.9.1 实验目的

(1)学习方波、三角波发生器的设计方法。
(2)进一步培养电路的安装与调试能力。

6.9.2 设计要求

设计一个方波、三角波发生器，设计指标要求如下：
(1)输出电压：$U_{O1P-P} \leqslant 24$ V(方波)，$U_{O2P-P}=8$ V(三角波)；
(2)输出频率：10～100 Hz，100 Hz～1 kHz；
(3)波形特性：方波 $t_r < 100$ μs，三角波 $\gamma_\Delta < 2\%$。

6.9.3 实验要求

(1)根据给出的设计要求设计系统原理图，列出元件清单。
(2)列出实验步骤。
(3)用实物独立组装、调试过程中遇到的问题，找出原因及解决方法。
(4)总结本次实验的收获和体会。
(5)交出完整实验报告。

6.10 电压－频率转换电路

6.10.1 实验目的

(1)熟悉和应用比较器的构成及设计方法，尤其是迟滞比较器的应用。
(2)熟悉和应用积分器的构成和设计方法，了解电容在其中的工作原理。
(3)熟悉和简单应用二极管作电子开关的构成和设计方法。

(4)熟悉迟滞比较器与积分器之间的波形转换。

6.10.2　设计要求

(1)设计一个将直流电压转换成给定频率的矩形波，包括积分器、电压比较器。
(2)输入为直流电压 0 ~ 10 V。
(3)输出为 $f=0\sim500$ Hz 的矩形波。

6.10.3　实验要求

(1)根据给出的设计要求设计系统原理图，列出元件清单。
(2)列出实验步骤。
(3)用实物独立组装、调试过程中遇到的问题，找出原因及解决方法。
(4)总结本次实验的收获和体会。
(5)交出完整实验报告。

6.11　语音滤波器

6.11.1　实验目的

(1)掌握二阶有源低通滤波器的特性及工作原理。
(2)掌握二阶有源高通滤波器的特性及工作原理。
(3)学会二阶有源低通滤波器和二阶有源高通滤波器的调试方法。

6.11.2　设计要求

设计一个音频滤波器，要求如下：
(1)截止频率 $f_L=300$ Hz，$f_H=3$ kHz。
(2)增益 $A_u=10$。
(3)阻带衰减速率大于等于 40 dB/10 倍频程。
(4)调整并记录滤波器的性能参数及幅频特性。

6.11.3　实验要求

(1)根据给出的设计要求设计系统原理图，列出元件清单。
(2)列出实验步骤。
(3)用实物独立组装、调试过程中遇到的问题，找出原因及解决方法。
(4)总结本次实验的收获和体会。
(5)交出完整实验报告。

6.12 家用电器过压保护器

6.12.1 实验目的

(1)设计一种简易的过电压保护装置。
(2)培养电路的设计、安装与调试能力。

6.12.2 设计要求

设计一个家用过电压保护器，要求如下：
(1)动作电压 240 V。
(2)断电动作时间 0.5 s。
(3)送电恢复时间 120 s。

6.12.3 实验要求

(1)根据给出的设计要求设计系统原理图，列出元件清单。
(2)列出实验步骤。
(3)用实物独立组装、调试过程中遇到的问题，找出原因及解决方法。
(4)总结本次实验的收获和体会。
(5)交出完整实验报告。

6.13 互补对称式 OTL 电路

6.13.1 实验目的

(1)熟练掌握二极管、三极管、电阻、电容、电位器等器件的测试判断以及参数的查阅与运用。

(2)通过 OTL 功放电路的制作，熟悉 OTL 功放的工作原理，掌握电子产品的制作和调试方法，提高实践动手能力。

6.13.2 设计要求

(1)采用全部或部分分立元件电路设计一种 OTL 音频功率放大器。
(2)额定输出功率 $P_o \geq 10$ W。
(3)负载阻抗 $R_L = 8\ \Omega$。
(4)失真度 $\gamma \leq 3\%$。

6.13.3 实验要求

(1)根据给出的设计要求设计系统原理图，列出元件清单。
(2)列出实验步骤。

(3)用实物独立组装、调试过程中遇到的问题，找出原因及解决方法。
(4)总结本次实验的收获和体会。
(5)交出完整实验报告。

6.14 无触点自动充电器

6.14.1 实验目的

(1)逐渐熟悉电路设计的方法。
(2)了解一种无触点自动充电器的设计。

6.14.2 设计要求

设计一个电瓶(电压为12 V)自动充电电路，当电瓶电量不足时，电路以大电流对电瓶充电，当电充足后仍以几十毫安的小电流对电瓶充电，以消除电瓶的自放电影响。

6.14.3 实验要求

(1)根据给出的设计要求设计系统原理图，列出元件清单。
(2)列出实验步骤。
(3)用实物独立组装、调试过程中遇到的问题，找出原因及解决方法。
(4)总结本次实验的收获和体会。
(5)交出完整实验报告。

6.15 语音放大器

6.15.1 实验目的

(1)通过对语音放大器的设计，掌握低频小信号放大电路的工作原理和设计方法。

(2)进一步理解集成运算放大器和集成功放的工作原理，掌握有源滤波器和功放电路的设计过程。

(3)了解一般电子电路的设计过程和装配与调试方法。

(4)了解语音信号的有关知识。

6.15.2 设计要求

(1)话筒放大器：输入信号 $U_i \leqslant 10$ mV，输入阻抗 $R_i \geqslant 100$ kΩ，共模抑制比 KCMR ≥ 60 dB。

(2)语音滤波器(带通滤波器)：带通频率范围300 Hz ~ 3 kHz。

(3)功率放大器：额定输出功率 $P_{om} \leqslant 1$ W，负载阻抗 $R_L = 16$ Ω，电源电压10 V，频率响应40 Hz ~ 10 kHz。

6.15.3 实验要求

(1)根据给出的设计要求设计系统原理图，列出元件清单。
(2)列出实验步骤。
(3)用实物独立组装、调试过程中遇到的问题，找出原因及解决方法。
(4)总结本次实验的收获和体会。
(5)交出完整实验报告。

6.16 温度报警器检测电路

6.16.1 实验要求

(1)将被测温度(0~100℃)转换成与之相对应的直流电压值。
(2)用发光二极管作为报警元件。
(3)当温度在10~30℃范围内时，报警器不发光，超过这个范围则报警器发光。
(4)采用箔电阻($R=100\ \Omega$，$I\leqslant 35$ mA)、精密电阻及电位器组成的测量电桥作为温度传感器。
(5)可用+15 V直流稳压电源供电。

6.16.2 原理框图

原理框图如图6.15所示。

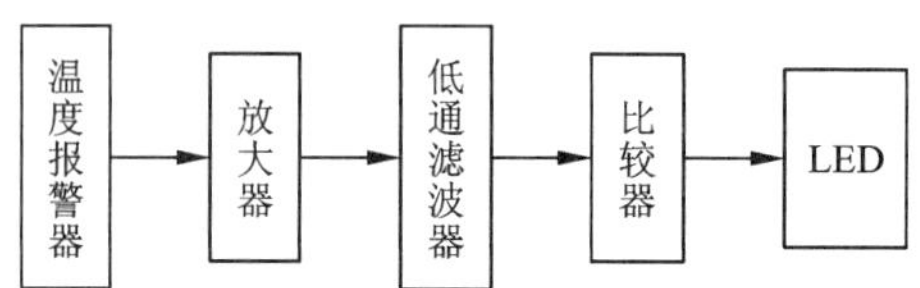

图6.15 原理框图

6.16.3 单元电路设计

(1)测量电桥与差动放大电路。
可用电位器模拟箔电阻的阻值随温度变化的情况，对此单元电路进行测量和调试。
(2)低通滤波器。
调节电路参数可以改变电路的放大倍数和截止频率。
(3)窗口比较器。
调试时可以用一个可调电源作为输入电压对电路进行测试。

6.16.4 系统电路综合

在各个单元电路达到预期要求以后，可以把各个部分连接起来，构成整个电路系统，并对该系统进行测量和调试。

6.16.5　实验要求

(1)根据给出的设计要求设计系统原理图，列出元件清单。

(2)列出实验步骤。

(3)用实物独立组装、调试过程中遇到的问题，找出原因及解决方法。

(4)总结本次实验的收获和体会。

(5)交出完整实验报告。

6.17　音响式产品分档器的设计

6.17.1　要求

(1)Q_1 为被测三极管，用扬声器作为电声元件；

(2)若三极管的 $\beta<30$，则扬声器不发音；

(3)若 $30\leqslant\beta\leqslant60$，则扬声器发出间歇式的滴滴声，即驱动扬声器发声的电压波形为两个频率的方波。

(4)若三极管的 $\beta>60$，则扬声器发出连续的声响，即此时驱动扬声器发声的电压波形为 $T=2$ ms 的连续方波。

(5)三极管的基极电流为 10 μA，在测试过程中手动调节电阻 R_1 即可满足测试条件。

6.17.2　原理框图(如图 6.16)

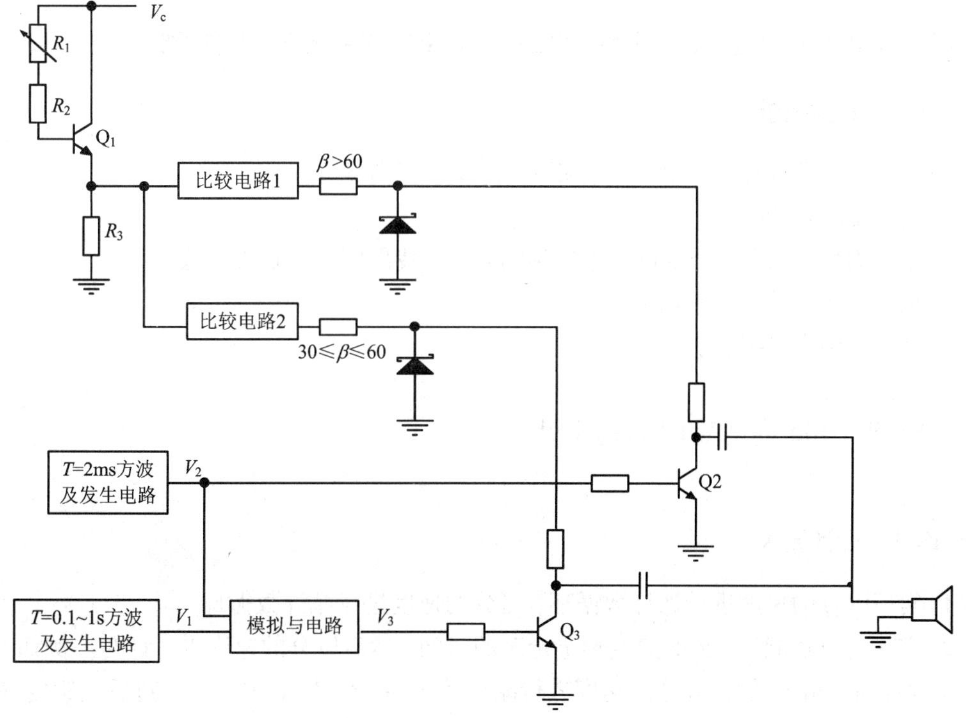

图 6.16　系统原理框图

6.17.3 总体方案的分析

(1)被测三极管发射极输出电压为被测信号。

(2)用比较电路输出的电压作为三极管的工作电压，来控制扬声器的发声。当比较电路输出为高电平时，三极管工作，使方波作用在扬声器上使其发声，为低电平时则不发声。在如图2.5所示的系统原理框图中，当$\beta>60$时，比较电路1输出高电平，比较电路2输出低电平，三极管Q_2工作，Q_3不工作；当$30\leqslant\beta\leqslant60$时，比较电路1输出低电平，比较电路2输出高电平，三极管Q_2不工作，Q_3工作；当$\beta\leqslant30$时，两个比较电路均输出低电平，三极管Q_2，Q_3均不工作。

(3)比较电路1使用简单电压比较器，比较电路2使用窗口比较器。

(4)方波发生电路由集成运放构成。

(5)模拟“与”由分立元件构成。

(6)扬声器为外接电路。

6.17.4 单元电路设计

(1)模拟“与”电路。

(2)矩形波发生电路。其振荡周期通过改变电路参数可以改变矩形波发生电路的振荡周期。

6.17.5 系统电路综合

将各单元电路连接起来，构成整个电路系统，并对该系统进行功能测试。

6.17.6 实验要求

(1)根据给出的设计要求设计系统原理图，列出元件清单。

(2)列出实验步骤。

(3)用实物独立组装、调试过程中遇到的问题，找出原因及解决方法。

(4)总结本次实验的收获和体会。

(5)交出完整实验报告。

6.18 99 min内的定时器的设计

6.18.1 设计要求

(1)实现以秒的速度进行加计数循环，以分的速度进行减计数循环。

(2)实现定时功能：以秒的速度预置定时的时间，然后以分的速度进行计时。例如定时5 min，先预置到5 min，然后以分的速度进行减计数5，4，3，2，1，0.5 min过后应锁定在0的状态。

(3)实现报时功能。

6.18.2　原理框图(如图6.17)

图6.17　定时器原理框图

6.18.3　建议采用器件

(1)CD4011 四2输入与非门。
(2)CD4012 双4输入与非门。
(3)CD4518 双BCD同步加计数器。
(4)CD40192 可预置可逆计数器(双时钟)。
(5)CD4055 BCD七段译码器/液晶显示驱动器。
(6)74LS74 双D触发器。
(7)555 定时器。
(8)电阻器。
(9)电容器。
(10)二极管。

6.18.4　定时器的设计

(1)振荡器：利用CD4011与非门构成非对称式多谐振荡器。
(2)分频器：采用CD4518双BCD同步加计数器实现分频。
(3)计数器：如何选择加计数或减计数呢？这就需要一个选择开关，可以选择一个单刀双掷开关来进行加、减计数信号的选择。选择开关的电路原理图如图6.18所示。

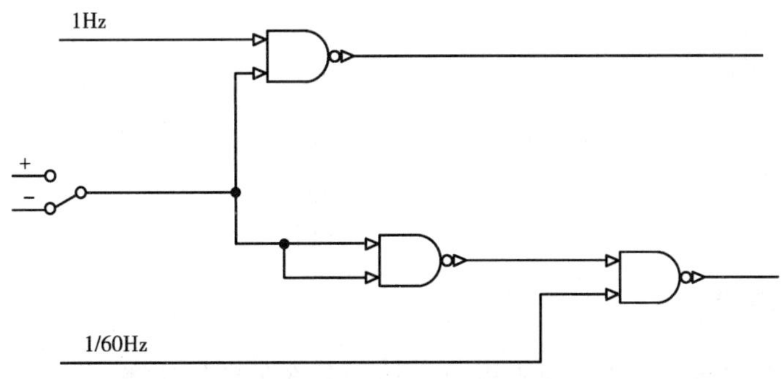

图6.18　选择开关电路原理图

并选用可预置、可逆计数器(双时钟)CD40192来实现计数功能。

(4)译码器：计数器输出的是BCD码，要将结果在七段字型显示器显示出来，而七段字型显示器(这里用共阴BS201A)无法接收BCD码直接显示数字。计数器与显示器之间需用译码器沟通，此处所用的译码器芯片是BCD七段译码器CD4055。

(5)显示器：将译码器 CD4055 的输出信号分别接至 BS201A 的 a，b，c，d，e，f，g 端，同时将 BS201A 的中间端之一接低电平，BS201A 便可显示相应的数字。

(6)0 状态锁定：当减计数至 0 时，要实现 0 状态锁定，停止减计数，直到重新加计数开始。这一点可通过 0 状态时，置产生 1/60 Hz 信号的 CD4518 的 2EN 端为低电平来实现。锁定后，一旦出现加计数，则对 CD4518 的锁定解除，计数器又能正常工作，进行加、减计数。

(7)报时器：计时器到达双零状态时要产生报时。可以用扬声器实现报时功能，但扬声器报时需有振荡信号产生，这一点可用 555 定时器来实现。

6.18.5 系统电路综合

将各个单元电路按信号的流程方向连接起来，构成整个电路系统，并对该系统进行功能测试。

6.18.6 实验要求

(1)根据给出的设计要求设计系统原理图，列出元件清单。

(2)列出实验步骤。

(3)用实物独立组装、调试过程中遇到的问题，找出原因及解决方法。

(4)总结本次实验的收获和体会。

(5)交出完整实验报告。

6.19 多路智力抢答器

6.19.1 实验目的

(1)熟悉 3－8 译码器和 D 触发器的工作原理及特点。

(2)学习抢答器的设计方法。

6.19.2 实验设备及器件

(1)SAC－DS4 数字逻辑电路实验箱	1 个
(2)万用表	1 块
(3)芯片	自选

6.19.3 实验任务

(1)自选元器件设计抢答器，要求可以容纳多名选手参加比赛，每人一个抢答开关。主持人也用一个开关，给系统清零。

(2)抢答器应具有锁存功能，并保持到主持人清零时为止。

(3)抢答器应具有显示功能，将选手的编号显示出来。

6.19.4　实验提示

(1)用3－8译码器(或D触发器)实现抢答控制。

(2)用LED数码管显示选手序号。

(3)设计框图如图6.19。

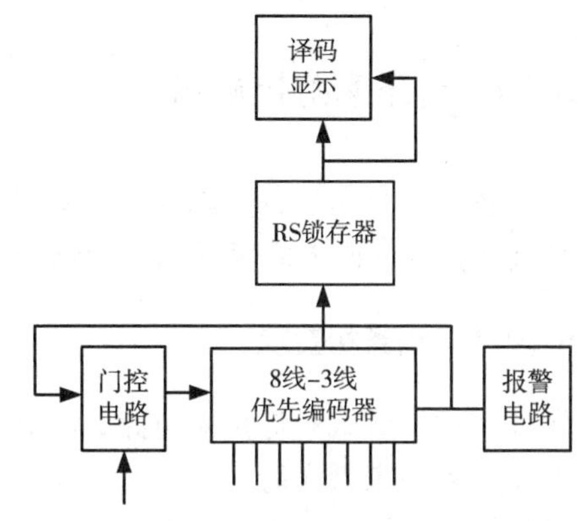

图6.19　数字抢答器的总体参考方案框图

6.19.5　实验要求

(1)根据给出的设计要求设计系统原理图，列出元件清单。

(2)列出实验步骤。

(3)用实物独立组装、调试抢答器电路，调试过程中遇到的问题，找出原因及解决方法。

(4)总结本次实验的收获和体会。

(5)交出完整实验报告。

6.19.6　仿真图(见图6.20)

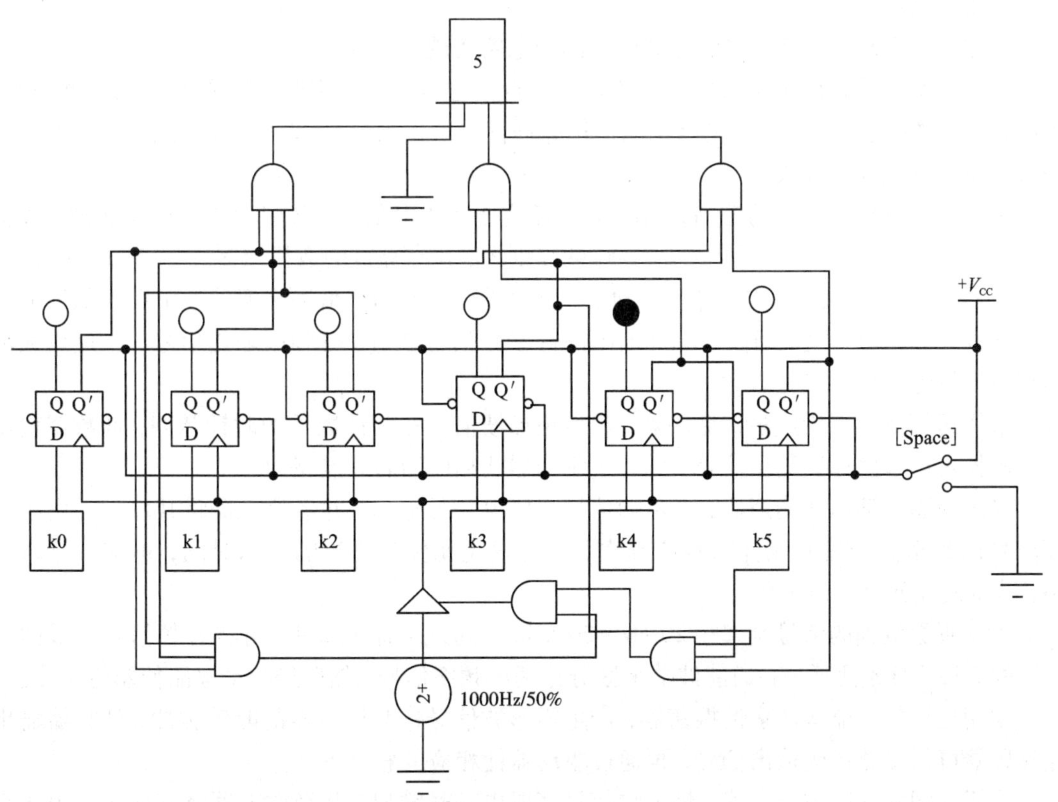

图6.20　仿真系统图

6.20 音乐彩灯控制器

声控音乐彩灯是音乐声响与彩灯灯光的相互组合，使音乐的旋律伴以亮度、颜色和图案不断变换的灯光，使人的视觉和听觉结合在一起，获得综合的艺术享受。

6.20.1 任务和要求

设计一种组合式彩灯控制电路，该电路由三路不同控制方法的彩灯所组成，采用不同颜色的发光二极管来做实验：

(1)第一路为音乐节奏控制彩灯，按音乐节拍变换彩灯花样。

(2)第二路按音量的强弱(信号幅度大小)控制彩灯。强音时，灯的亮度加大，且灯被点亮的数目增多。

(3)第三路按音调高低(信号频率高低)控制彩灯。低音时，某一部分灯点亮；高音时，另一部分灯点亮。

6.20.2 总体方案设计

1. 设计思路

根据实验要求，本控制器可分别用三部分电路实现。

音乐的节奏往往由乐队的鼓点来体现，实质上它是具有一定时间间隔的节拍脉冲信号。为此，可采用计数、译码驱动电路构成节拍脉冲信号发生器(或称时间顺序控制器)，使相应的彩灯按节奏点亮和熄灭。

为实现声音信号强弱的控制，则应将声音信号变成电信号，经过放大、整流滤波，以信号的平均值驱动彩灯发亮。信号强，则灯的亮度大，且点亮灯的数目增多。

为实现高、低音(不同频率信号)对彩灯的控制，采用高、低通有源滤波电路。低通滤波器限制高音频信号通过，而高通滤波器限制低音频信号通过，分频段输出信号，经过放大驱动相应的发光二极管点亮。

采用运算放大器构成多谐振荡器，产生矩形波信号作为计数器的时钟脉冲，计数器输出经译码器可得多路译码输出信号，再通过驱动器使相应的彩灯点亮。

采用动圈式话筒或扬声器，将声响信号变成电信号输出，并经放大器将其放大。由于音频信号的频率高于发光元件的响应频率，为使发光元件有适当的显示时间，可加入延时电路，减少发光元件闪烁现象。

人耳听觉范围的信号频率在 20 Hz ~ 20 kHz 之间，为简便起见，可将音频信号分成两个不同的频段，分别用低、高通滤波器来区分这两段频率信号，然后经驱动电路使彩灯工作。

采用运算放大器构成多谐振荡器，产生矩形波信号作为计数器的时钟脉冲，计数器输出经译码器可得多路译码输出信号，再通过驱动器使相应的彩灯点亮。

采用动圈式话筒或扬声器，将声响信号变成电信号输出，并经放大器将其放大。由于音频信号的频率高于发光元件的响应频率，为使发光元件有适当的显示时间，可加入延时电路，减少发光元件闪烁现象。

人耳听觉范围的信号频率在 20 Hz ~ 20 kHz 之间，为简便起见，可将音频信号分成两个不同的频段，分别用低、高通滤波器来区分这两段频率信号，然后经驱动电路使彩灯工作。

2. 电路基本原理

控制器原理框图如图6.21所示。

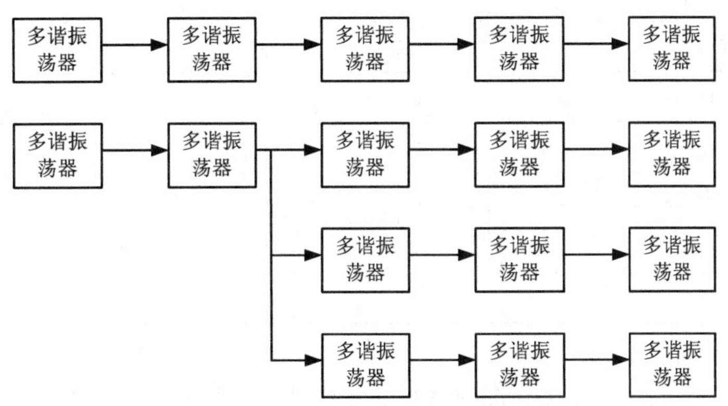

图6.21 音乐彩灯控制器原理图

6.20.3 实验要求

(1)根据给出的设计要求设计系统原理图，列出元件清单。

(2)列出实验步骤。

(3)用实物独立组装、调试彩灯控制器电路，调试过程中遇到的问题，找出原因及解决方法。

(4)总结本次实验的收获和体会。

(5)交出完整实验报告。

6.21 交通灯自动切换控制电路

6.21.1 实验目的

(1)巩固数字逻辑电路的理论知识。

(2)学习将数字逻辑电路用于生活实践。

(3)提高学习兴趣。

6.21.2 实验设备及器

(1)SAC－DS1 数字逻辑电路实验箱	1个
(2)万用表	1块
(3)器件	自选

6.21.3 设计要求

十字路口的交通灯，一个方向为绿灯则另一个方向必须是红灯，无论是东西方向还是南北方向均绿灯亮 24 s，黄灯亮 4 s，红灯亮 28 s。

(1)列状态转换表(见表 6.2)。

表 6.2 状态转换表

南北			东西			时间/s
绿灯	黄灯	红灯	绿灯	黄灯	红灯	
1	0	0	0	0	1	24
1	0	0	0	0	1	24
0	1	0	0	0	1	4
0	0	1	1	0	0	24
0	0	1	0	1	0	4

(2)根据图 6.22 的参考电路，选择适当的元器件，画出实验连线图(学生来完成)。

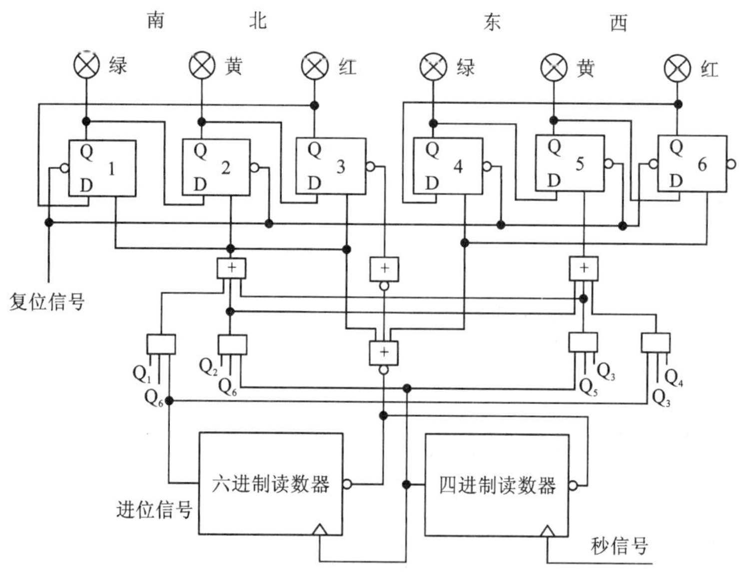

图 6.22 交通灯的自动切换电路仿真实验参考图

(3)组装调试(学生来完成)。

6.21.4 实验报告要求

(1)深刻了解交通灯的变化及控制规律。

(2)根据给出的设计要求设计系统原理图，列出元件清单。

(3)列出实验步骤。

(4)先用 EWB 做仿真实验(参考图 6.22)，后用实物独立组装、调试交通灯自动切换电路，调试过程中遇到的问题，找出原因及解决方法。

(5)总结本次实验的收获和体会。

(6)交出完整实验报告。

6.22 模拟汽车尾灯控制电路

6.22.1 实验目的

(1)灵活运用数字逻辑电路的理论解决问题。
(2)提高学习兴趣。

6.22.2 实验设备及器件

(1)SAC – DS1 数字逻辑电路实验箱 1 个
(2)万用表 1 块
(3)器件 自选

6.22.3 设计要求

设汽车左右各三个尾灯，利用两个开关模拟汽车左右拐弯，当两个开关为 11 时，汽车后面 6 个尾灯亮；当两开关为 01 时，汽车左拐，左边三个尾灯依次从右往左循环亮；而当两开关为 10 时，表示汽车右拐，则右边三个尾灯依次从左往右循环亮（开关为 00 状态未用）。表 6.3 为其运行状态关系表。原理线路如图 6.23 所示。

表 6.3 尾灯和汽车运行状态关系表

开关控制		运行状态	左尾灯	右尾灯
S_1	S_0		$D_1D_2D_3$	$D_4D_5D_6$
0	0	正常运行	灯灭	灯灭
0	1	左转弯	按 $D_3D_2D_1$ 顺序循环点亮	灯灭
1	0	右转弯	灯灭	按 $D_4D_5D_6$ 顺序循环点亮
1	1	临时刹车	所有的尾灯随时钟 CP 同时闪烁	

(1)模拟汽车尾灯电路系统原理图。
(2)选器件，画实验连线图(学生来完成)。
(3)组装调试(学生来完成)。

6.22.4 实验报告要求

(1)根据给出的设计要求设计系统原理图，列出元件清单。
(2)列出实验步骤。
(3)先用 EWB 做仿真实验(参考图 6.24)，后用实物独立组装、调试汽车尾灯电路，调试过程中遇到的问题，找出原因及解决方法。
(4)总结本次实验的收获和体会。

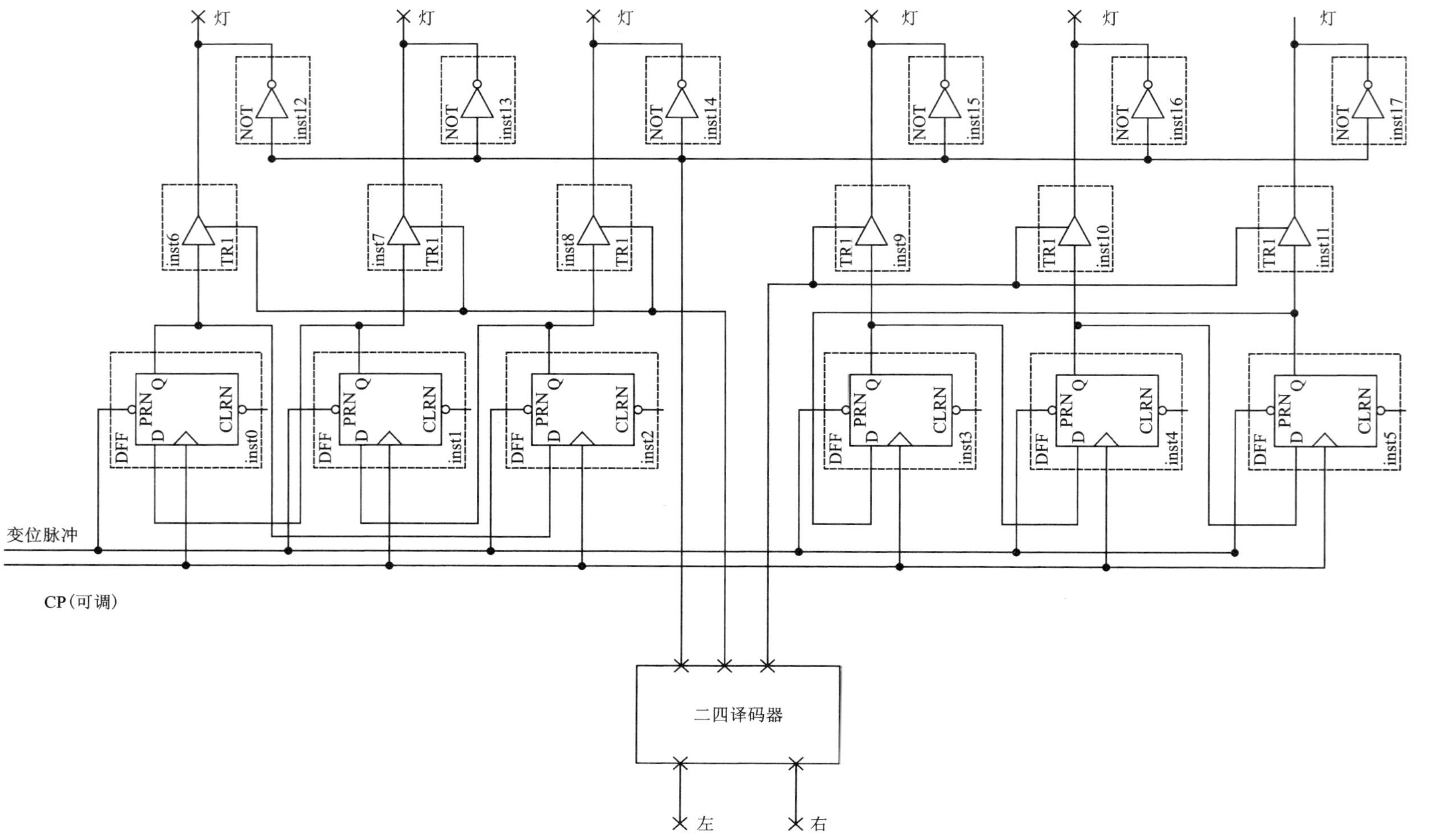

图 6-23 模拟汽车尾灯电路系统原理图

(5)交出完整实验报告。

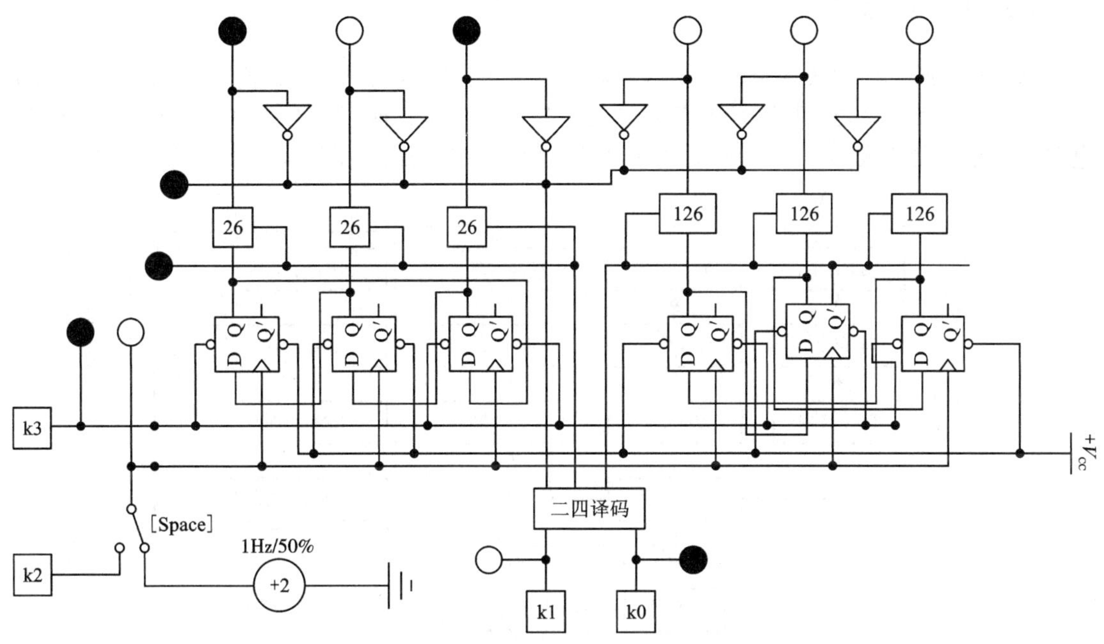

图 6.24 模拟汽车尾灯仿真实验参考图

6.23 简易数字钟

6.23.1 实验目的

(1)掌握数字钟的逻辑结构及工作原理。

(2)掌握报时的原理。

(3)巩固数字逻辑理论知识，学会灵活运用。

6.23.2 实验设备及器件

(1)SAC - DS4 数字逻辑电路实验箱	1个
(2)万用表	1块
(3)芯片	自选

6.23.3 设计任务

设计一多功能数字钟，能显示时、分、秒，并能实现整点报时；当计时出现误差时可以用校时电路进行校时、校分、校秒。

(1)画出数字钟电路系统原理图。

(2)画出实际连线图(学生来完成)。

(3)组装调试(学生来完成)。

6.23.4 设计提示

数字钟电路系统由主体电路和扩展电路两大部分所组成。其中，主体电路完成数字钟的基本功能，扩展电路完成数字钟的扩展功能。具体应包括：秒信号发生器、计时电路、校时电路及显示电路四大部分。图6.25为多功能数字钟系统的组成框图。

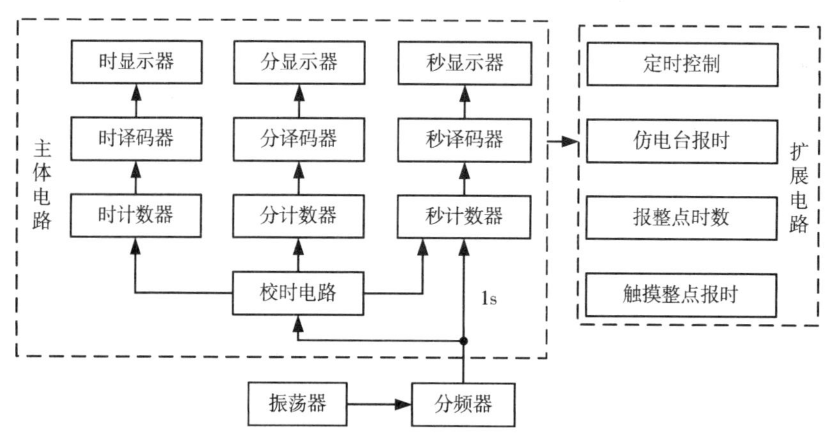

图6.25 多功能数字钟系统组成框图

该系统的工作原理是：振荡器产生的稳定的高频脉冲信号，作为数字钟的时间基准，再经分频器输出标准秒脉冲。秒计数器计满60后向分计数器进位，分计数器计满60后向小时计数器进位，小时计数器按照“12翻1”规律计数。计数器的输出经译码器送显示器。计时出现误差时可以用校时电路进行校时、校分、校秒。扩展电路必须在主体电路正常运行的情况下才能进行功能扩展。

6.23.5 实验报告要求

(1)根据给出的设计要求设计系统原理图，列出元件清单。

(2)分析该数字钟的误差及提高计时精度的办法。

(3)分析要实现定时打铃应增加什么线路。

(4)列出实验步骤。

(5)先用EWB做仿真实验(见图6.26)，后用实物独立组装、调试数字钟电路，对调试过程中遇到的问题找出原因及解决方法。

(6)总结本次实验的收获和体会。

(7)交出完整实验报告。

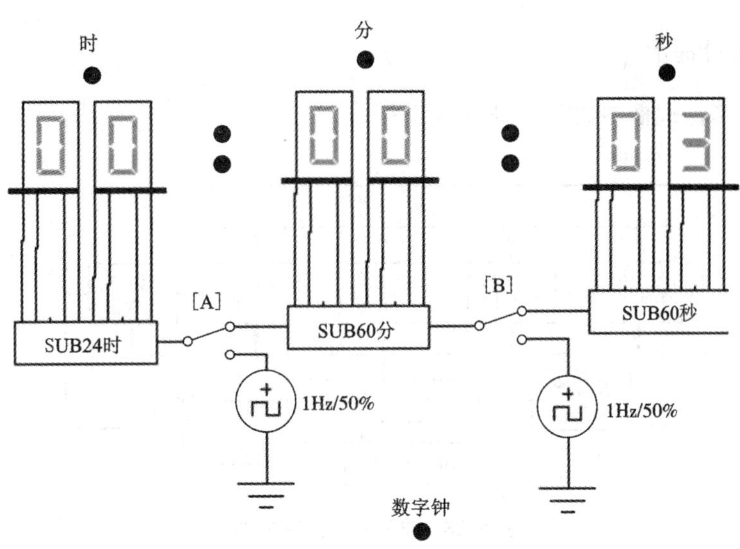

图 6.26 数字钟仿真设计参考电路图

6.24 电子秒表

6.24.1 实验目的

(1)熟悉计数器的工作原理及特点。
(2)学习设计 N 进制加法计数器的方法。
(3)掌握电子秒表的设计方法。

6.24.2 实验设备及器件

(1)SAC－DS4 数字逻辑实验箱	1 套
(2)万用表	1 块
(3)芯片	自选

6.24.3 设计任务

(1)电子秒表电路可显示 4 位数，计时范围为 0～10 min。
(2)精度为 0.1 s，对 0.01 s 进行四舍五入处理。
(3)控制方法与机械秒表类似，用一个开关控制 3 种状态。其转换顺序如图 6.27 所示。

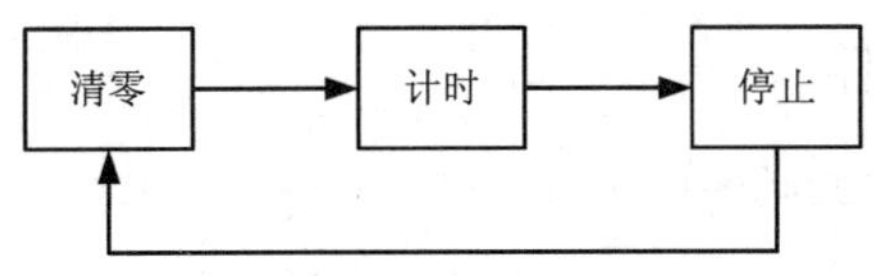

图 6.27 电子秒表转换顺序

6.24.4 设计提示

(1)系统参考原理框图如图6.28所示。

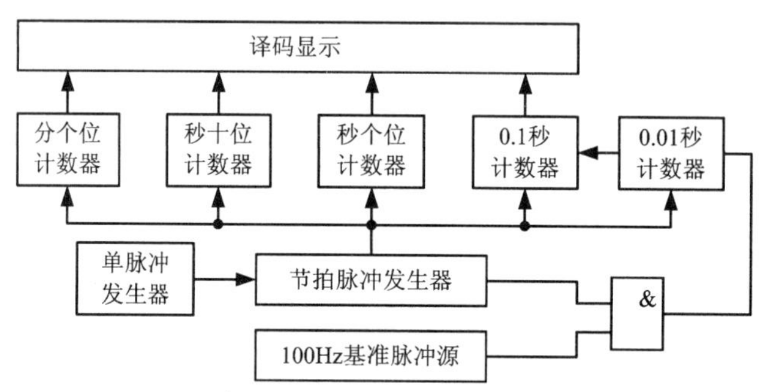

图6.28 电子秒表原理框图

(2)基准脉冲源：应产生100 Hz信号，由555构成的多谐振荡器产生。

(3)计时部分：74195构成的3位循环计数器实现。

(4)单脉冲发生器：由基本RS触发器构成的单脉冲发生器，为节拍信号发生器提供时钟，每按动一次开关S，Q端就产生一个单脉冲，以控制三种工作状态的转换。

6.24.5 实验报告要求

(1)根据给出的要求设计系统原理图，列出元件清单和实验步骤。

(2)先用EWB做仿真实验，后用实物独立组装、调试电子秒表电路，对调试过程中遇到的问题找出原因及解决方法。

(3)总结本次实验的收获和体会。

(4)交出完整的设计报告。

6.25 篮球竞赛30 s计时器

6.25.1 实验目的

(1)熟悉计数器的工作原理及特点。

(2)学习设计N进制加法计数器的方法。

(3)掌握篮球竞赛计时器的设计方法。

6.25.2 实验设备及器件

(1)SAC-DS4数字逻辑实验箱　　1套

(2)万用表　　1块

(3)芯片　　自选

6.25.3 设计要求

(1)篮球竞赛计时器电路可显示2位数，计时范围为30~0 s(倒计时)，精度为1 s。

(2)控制方法是用一个开关控制2种状态，即计数、停止两种状态。

(3)当计时器计数到零时启动报警电路报警。

6.25.4 设计提示

根据设计要求，绘制原理框图(见图6.29)。

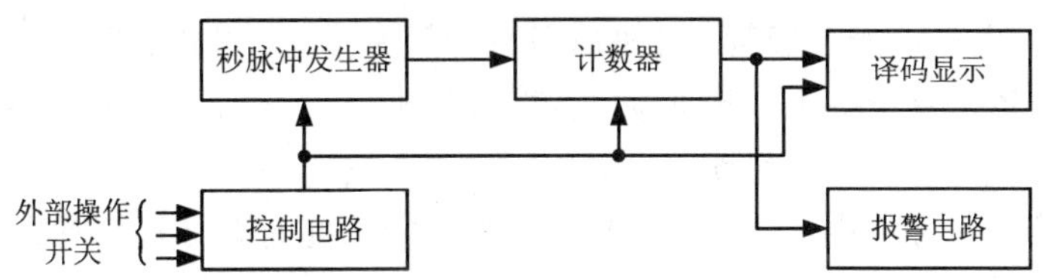

图6.29 30 s计时器的总体参考方案框图

图6.29包括秒脉冲发生器、计数器、译码显示电路、辅助时序控制电路(简称控制电路)和报警电路等5个部分。其中，计数器和控制电路是系统的主要部分。计数器完成30 s计时功能，而控制电路具有直接控制计数器的启动计数、暂停/连续计数、译码显示电路的显示和灭灯等功能。为了保证满足系统的设计要求，在设计控制电路时，应正确处理各个信号之间的时序关系。在操作直接清零开关时，要求计数器清零，数码显示器灭灯。当启动开关闭合时，控制电路应封锁时钟信号CP脉冲信号，同时计数器完成置数功能，译码显示电路显示30 s字样；当启动开关断开时，计数器开始计数；当暂停/连续开关拨在暂停位置上时，计数器停止计数，处于保持状态；当暂停/连续开关拨在连续位置上时，计数器继续累计计数。另外，外部操作开关都应采取去抖动措施，以防止机械抖动造成电路工作不稳定。

6.25.5 实验报告要求

(1)根据给出的要求设计系统原理图，列出元件清单和实验步骤。

(2)先用EWB做仿真实验，后用实物独立组装、对调试篮球竞赛计时器电路，对调试过程中遇到的问题找出原因及解决方法。

(3)总结本次实验的收获和体会。

(4)交出完整的设计报告。

6.26 拔河游戏机

6.26.1 实验目的

(1)熟悉计数器的工作原理及特点。

(2)学习设计可逆计数器的方法。

(3)掌握系统设计方法，灵活运用所学知识构建电路。

6.26.2 实验设备及器件

(1)SAC－DS4 数字逻辑实验箱 1 套
(2)万用表 1 块
(3)芯片 自选

6.26.3 设计任务(见图 6.30)

(1)设计一个能进行拔河游戏的电路。

(2)电路使用 15 个发光二极管，开机后只有中间一个亮，此即拔河中心。

(3)游戏双方各持一个按钮，迅速地、不断地按动，产生脉冲，谁按得快，亮点就向谁的方向移动，每按按钮一次，亮点移动一次。

(4)亮点移到任一方终端二极管时，这一方就获胜，此时双方按钮均无作用，输出保持，只有复位后才使亮点恢复到中心。

(5)用数码管显示获胜者获胜的盘数。

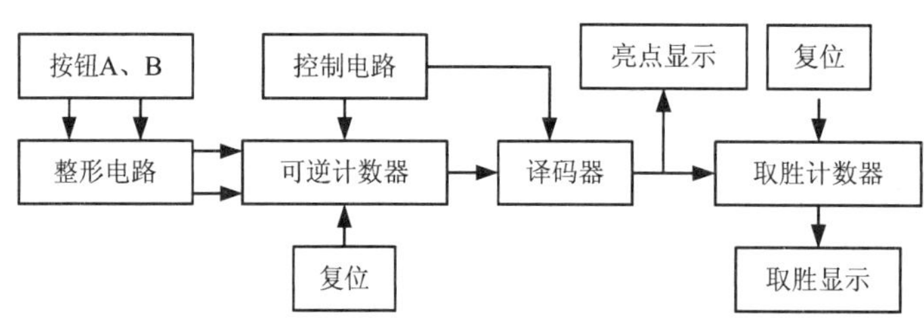

图 6.30 拔河游戏系统参考设计图

6.26.4 设计提示

(1)将按钮信号经整形电路整形成占空比很大的脉冲信号，使每按一次按钮都有可能进行有效的计数。

(2)用可逆计数器的加、减计数输入端分别接受两路脉冲信号，可逆计数器原始输出状态为 0000，经译码器输出，使中间一只二极管发亮。

(3)可逆计数器要有 2 个输入端，4 个输出端，要能进行加/减计数。

(4)用一个 4 线－16 线译码器，输出接 15 个(或 9 个)发光二极管，比赛开始，译码器输入为 0000，译码后中心处二极管点亮。当计数器进行加法计数时，亮点向右移；进行减法计数时，亮点向左移。

(5)由一个控制电路指示谁胜谁负，当亮点移到任一方终端时，由控制电路产生一个信号，使计数器停止计数。

(6)将双方终端二极管“点亮”信号分别接两个计数器的“使能”端，当一方取胜时，相应的计数器进行一次计数，这样得到双方取胜次数的显示。

(7)设置一个“复位”按钮，使亮点回到中心，取胜计数器也要设置一个“复位”按钮，使之能清零。

6.26.5　实验报告要求

(1)根据给出的设计要求设计拔河游戏系统原理图，列出元件清单。
(2)列出实验步骤。
(3)先用 EWB 做仿真实验，后用实物独立组装、调试电路，对调试过程中遇到的问题找出原因及解决方法。
(4)总结本次实验的收获和体会。
(5)交出完整实验报告。

6.27　心率测试仪

6.27.1　实验目的

(1)熟悉计数器的工作原理及特点。
(2)学习设计可逆计数器的方法。
(3)掌握系统设计方法，灵活运用所学知识构建电路。

6.27.2　实验设备及器件

(1)SAC－DS4 数字逻辑实验箱	1 套
(2)万用表	1 块
(3)芯片	自选

6.27.3　设计任务

现有测心率跳动次数的脉搏电压传感器输出信号为 0.2 V，干扰信号幅值为 0.01 V。且干扰信号的频率 $f \geqslant 1$ kHz，设计传感器输出之后的部分，完成心率测试仪的设计。

6.27.4　设计要求

(1)心率测试仪能够显示一分钟跳动的次数，并且每分钟刷新一次；
(2)当跳动次数大于 150 或者小于 60 时，心率测试仪能够报警。

6.27.5　设计提示

心率测试仪的基本功能是：用传感器将脉搏的跳动转换为电压信号，并加以放大、滤波和整形，在短时间内测出每分钟的脉搏，从而反映出一个人的心跳数，并显示其数字。心率测试仪广泛应用于医疗检测和生命特征的检测中，它能够准确、快捷地进行心率测量，具有很高的实用价值。本设计的心率测试仪用以测试人体一分钟心跳次数，并且能在心率异常时提供报警信号。

根据设计要求得到：脉搏电压传感器输出信号为 0.2 V，干扰信号为 0.01 V，且干扰信号的频率 $f \geqslant 1$ kHz。设计思路如下：

(1)首先应对信号进行放大，考虑信号幅值为 0.2 V，一般的芯片工作电压为 5 V，则我们的放大电路的放大倍数可以设置为20～25倍，得到的输出信号幅值就可以达到4～5 V。

(2)然后对放大后的信号去除干扰信号，干扰信号的频率$f \geq 1$ kHz，心跳频率为1～3 Hz，则我们可采用低通滤波电路，滤除高频干扰信号和信号毛刺，这样就得到了无干扰的有用信号。

(3)接着进行滤波的整形，将放大、滤波后的信号波形整形为矩形波，可以说是将模拟信号转为数字信号，以便之后运用数字电路进行计数。

(4)完成模电部分的设计后，进入数电部分的设计。用计数芯片对矩形波进行计数，并将每分钟的计数结果保存在寄存器内。

(5)用七段显示译码器和数码管组成显示电路，对每分钟的计数结果进行显示，即显示寄存器内保存的结果。

(6)对计数结果进行大于150和小于60的判断，可采取门电路和D触发器对计数器的输出进行实时监控，当满足报警条件时驱动报警器报警，直至心跳正常才停止报警。

(7)用555定时电路进行一分钟的准确定时，对计数电路、寄存器电路、显示电路和报警电路进行控制，使它们在每分钟后能重新计数、显示和进行判断报警。

具体流程图如图6.31所示。

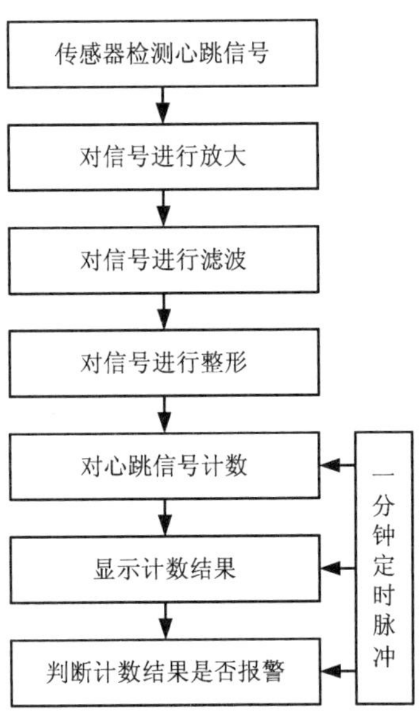

图6.31 心率测试仪工作流程图

6.27.6 实验报告要求

(1)根据给出的设计要求设计拔河游戏系统原理图，并列出元件清单。

(2)列出实验步骤。

(3)先用EWB做仿真实验，后用实物独立组装、调试电路，对调试过程中遇到的问题找出原因及解决方法。

(4)总结本次实验的收获和体会，交出完整实验报告。

6.28 两灯循环控制电路的设计安装

6.28.1 工作过程要求

用A、B两个灯泡，要求：主电源由电源开关接通后，按下启动按钮，首先A灯亮，延时20 s后，能自动切换到B灯亮；且要求A、B两灯能自动循环延时20 s后切换工作。

停止时，只需按下停止按钮，A、B两灯就可断电熄灭。

6.28.2 元器件

交流接触器3台，时间继电器2台，灯泡(带座)2只，接线端子1个，双联按钮1个。

6.28.3 设计要求

(1)按要求设计出电气原理图。
(2)要求自己设计参数整定值，并由学生自行调整参数。

6.29 电机两地控制电路的设计

6.29.1 试设计一台异步电动机的控制电路

要求如下：
(1)能实现正反转，可两地控制起动和停止。
(2)能实现正向点动调整。
(3)能实现单方向的行程保护。
(4)要有短路和过载保护。

6.29.2 元器件

交流接触器2个，按钮5个，热继电器1个，行程开关1个。

6.29.3 设计要求

(1)按要求设计出电气原理图。
(2)要求自己设计参数整定值，并由学生自行调整参数。

6.30 两台电机联动联锁控制电路设计

6.30.1 工艺要求

两条皮带运输机分别由两台鼠笼异步电动机拖动，试设计电路由一套起停按钮控制它们的启停(见图6.32)。为避免物体堆积在运输机上，要求电动机按下述顺序启动和停止：

启动时：M1 起动后 M2 才能起动；
停车时：M2 停车后 M1 才能停车。

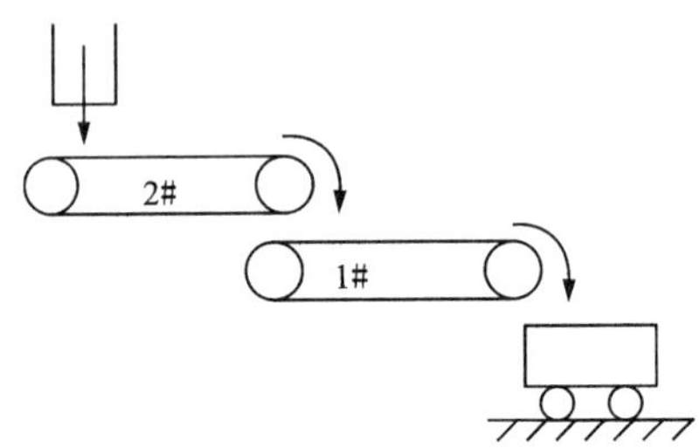

图 6.32　两台电机联动联锁控制

6.30.2　元器件

(1)交流接触器　　2 个
(2)按钮　　2 个
(3)热继电器　　1 个
(4)电机　　2 台

6.30.3　设计要求

(1)按要求设计出电气原理图。
(2)要求自己设计参数整定值，并由学生自行调整参数。

6.31　运料小车控制电路的设计

6.31.1　试设计运料小车的控制线路

如图 6.33 所示，该控制线路必须同时满足以下要求：

图 6.33　运料小车示意图

(1)小车起动后，前进到 A 地；然后做以下往复运动：到 A 地后停 2 min 等待装料，然后自动走向 B；到 B 地后停 2 min 等待卸料，然后自动走向 A。
(2)有过载和短路保护。
(3)小车可停在任意位置。

6.31.2 元器件

(1)交流接触器 2个
(2)行程开关 2个
(3)时间继电器 2个
(4)按钮 3个
(5)热继电器 1个
(6)电机 1台

6.31.3 设计要求

(1)按要求设计出电气原理图。
(2)要求自己设计参数整定值，并由学生自行调整参数。

6.32 工作台循环工作控制电路设计

6.32.1 试设计一个工作台控制电路

如图6.34，启动后工作台遵循如下循环工作：部件A从1到2→部件B从3到4→部件A从2回到1→部件B从4回到3。

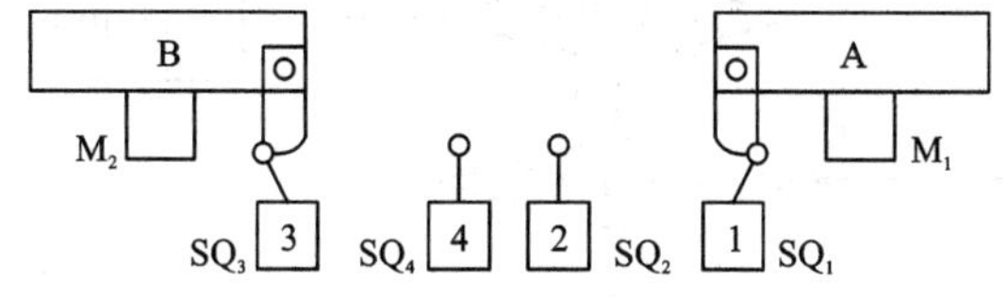

图6.34 工作台示意图

同时要设置必要的电气保护。

6.32.2 元器件

(1)交流接触器 2个
(2)行程开关 4个
(3)按钮 3个
(4)热继电器 1个
(5)电机 1台

6.32.3 设计要求

(1)按要求设计出电气原理图。
(2)要求自己设计参数整定值，并由学生自行调整参数。

6.33 响铃程序

6.33.1 实验要求

从键盘接收输入字符，如是数字 N，则响铃 N 次，如不是数字或数字是 0，则不响。

6.33.2 实验目的

掌握响铃符的使用方法。

6.33.3 实验程序框图(见图 6.35)

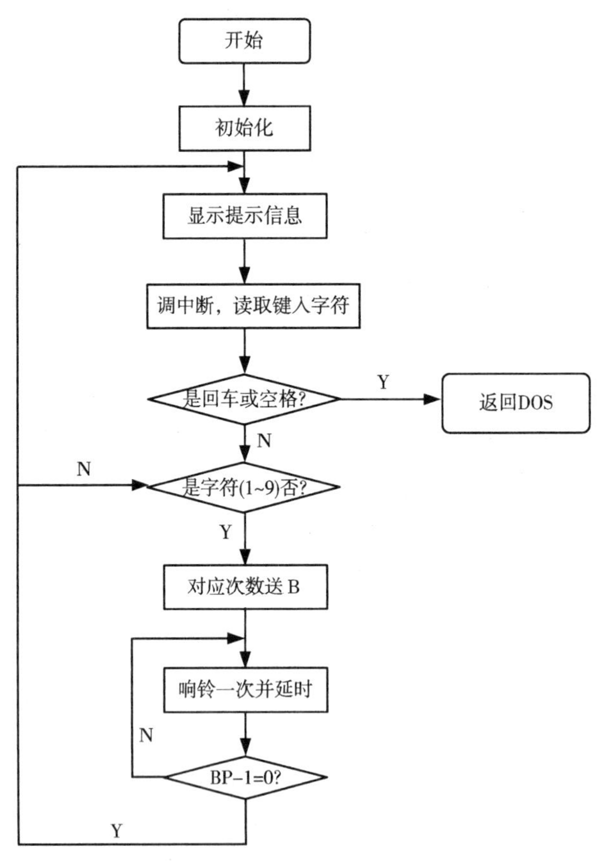

图 6.35 实验程序框图

6.34 接收年月日信息显示

6.34.1 实验要求

显示输入提示信息并响铃一次，然后接收键盘输入的月/日/年信息，并显示。若输入月份日期不对，则显示错误提示并要求重新输入。

6.34.2　实验目的

掌握响铃符方法，掌握年、月、日输入方法。

6.34.3　实验程序框图（见图6.36）

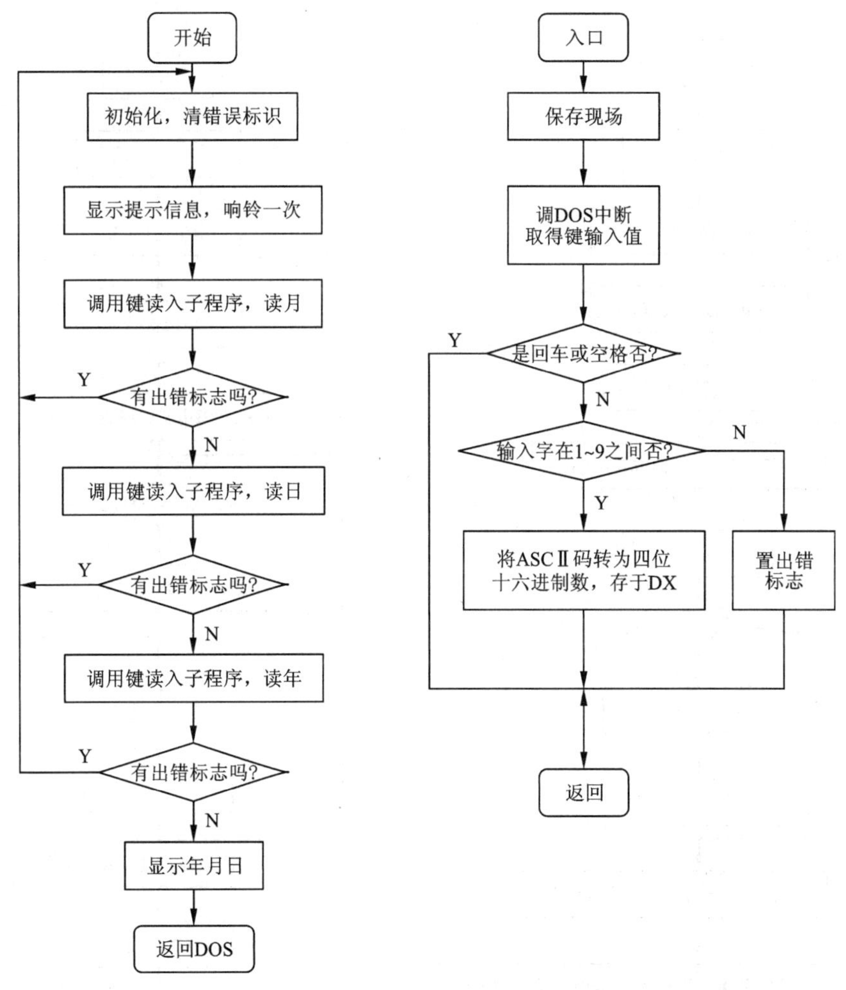

图6.36　实验程序框图

6.35　学生成绩名次表实验

6.35.1　实验要求

根据提示将0~100之间的10个成绩存入首址为1000H的单元，1000H+i表示学号为i的学生成绩，编写程序能在2000H开始的区域排出名次表，2000H+i为学号i的学生的名次，并将其显示在屏幕上。

6.35.2 实验目的

进一步熟悉排序方法。

6.35.3 实验程序框图(见图 6.37)

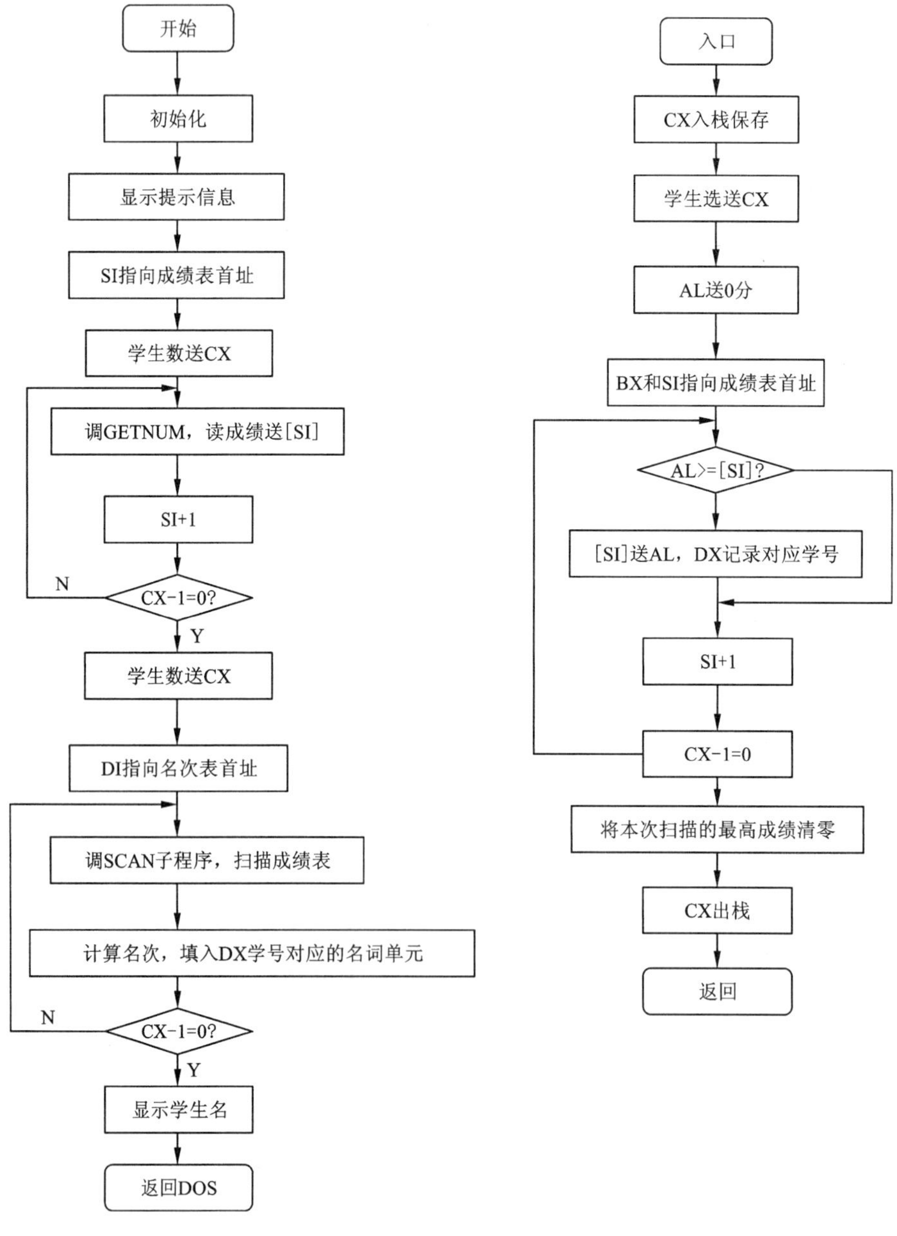

图 6.37 实验程序框图

6.36 设置光标的实验

6.36.1 实验要求

设置不同的光标形状，起始行的位置。

6.36.2 实验目的

了解和掌握用 INT 10H 的 01H/02H 功能设置光标位置的方法。

6.36.3 实验说明

DOS 中断 INT 10H 的功能 01H 中，CH 的第七位为 0，第五、六位控制光标的闪烁。功能 02H 中，DH 控制光标定位的行，DL 为列，具体请参照 DOS 中断大全。

6.36.4 实验程序框图(见图 6.38)

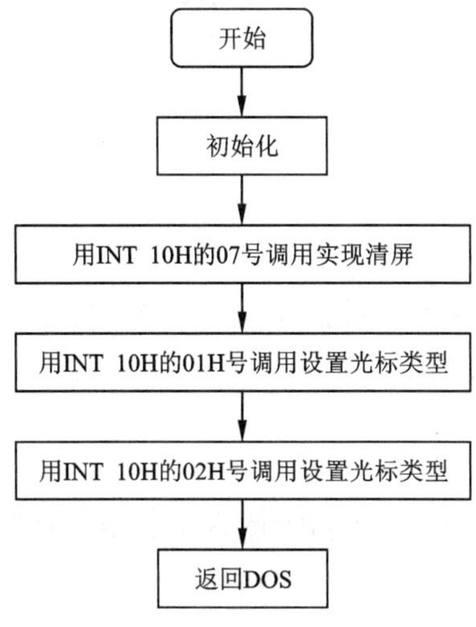

图 6.38 实验程序框图

6.37 清除窗口的实验

6.37.1 实验要求

清除左上角为(WLUX，WLUY)，右下角为(WRDX，WRDY)的窗口，并将其初始化为反相显示(具体属性请参考 DOS 中断大全)。

6.37.2 实验目的

掌握用 INT IOH 的 07H 功能清除窗口和设置窗口属性的方法。

6.37.3 实验程序框图(见图 6.39)

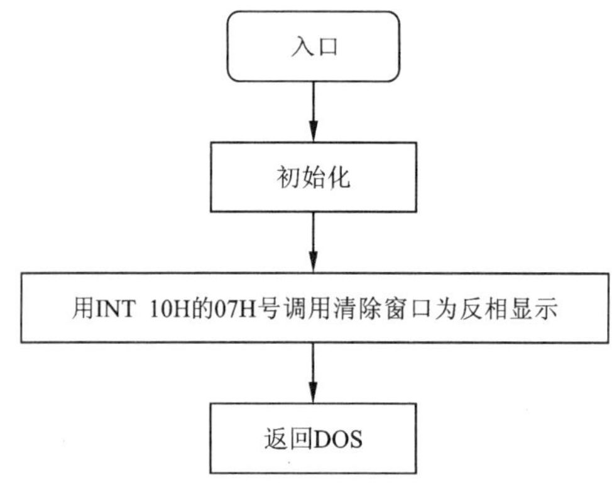

图 6.39 实验程序框图

6.38 计算 N! 的实验

6.38.1 实验要求

编写计算 N! 的程序。数值 N 由键盘输入，结果在屏幕上输出，N 的范围为 0 ~ 65535，即刚好能被一个 16 位寄存器容纳。

6.38.2 实验目的

通过编制一个阶乘计算程序，了解高级语言中的数学函数是怎样在汇编语言一级上实现的。

6.38.3 实验说明

编制阶乘程序的难点在于随着 N 的增大，其结果远不是寄存器所能容纳。这就必须把结果放在一个内存缓冲区中。然而乘法运算只能限制于两个字相乘，因此要确定好算法，依次从缓冲区中取数，进行两字相乘，并将 DX 中的高 16 位积作为产生的进位、程序根据阶乘的定义：$N! = N \times (N-1) \times (N-2) \times \cdots \times 2 \times 1$，从左往右依次计算，结果保存在缓冲区 BUF 中，缓冲区 BUF 按结果由低到高依次排列。程序首先将 BP 初始化为存放 N 值，然后使 BF 依次减 1，直至变化为 1。每次让 BP 与 BUF 中的字单元按由低到高依次相乘，低位结果 AX 仍保存在相应的 BU 下字单元中，最高位结果 DX 则进位字单元 CY 中，以作为高字单元相乘时从低字来的进位，初始化 CY 为 0，计算结果的长度随着乘积运算而不断增长，由字单元 LEN 指示。当最高字单元与 BP 相乘时，若 DX 不为 0，则结果长度要扩展。

6.38.4　实验程序框图(见图6.40)

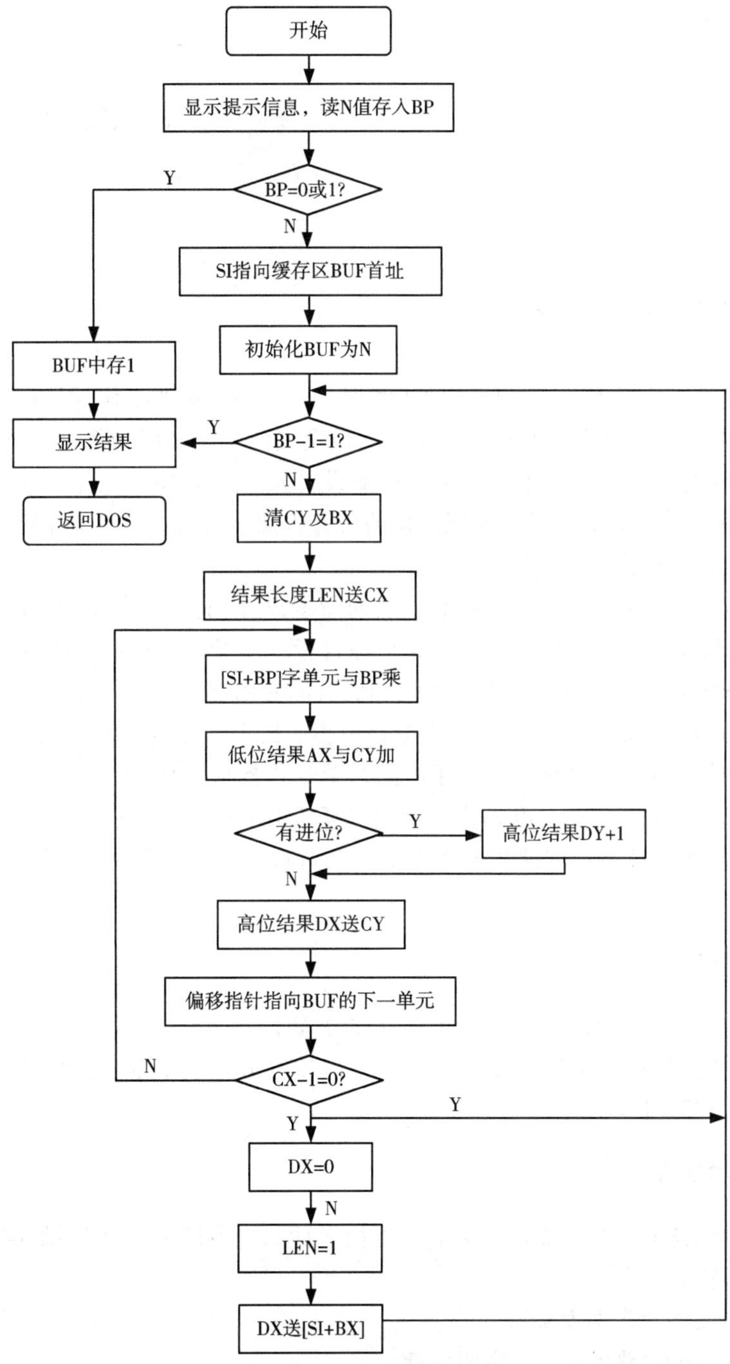

图6.40　实验程序框图

第7章 电子电路综合设计

7.1 电子系统综合设计

电子线路设计是电类专业的重要基础实践课，是工科专业的必修课。经过查资料、选方案、设计电路、撰写设计报告，使学生得到一次较全面的工程实践训练，达到理论联系实际，提高和培养创新能力，为后续课程的学习、毕业设计及至毕业后的工作打下基础。同时，结合 EDA 技术进行仿真设计，可以体现现代化的设计方法和理念，使电子课程设计在培养学生能力方面得到较大的提高。

在验证性认知实验基础上，进行更高层次的命题设计实验，是在教师指导下独立查阅资料，设计、安装和调试特定功能的电子电路。综合设计实验对于提高学生的电子工程素质和科学实验能力非常重要，是电子技术人才培养成长的必由之路。由学生自行设计、自行制作和自行调试的综合性试验，旨在培养学生综合模拟、数字、高频电路知识，解决电子信息方面常见实际问题的能力，并掌握一般电子电路与单片机构成简单系统及简单编程的方法，促使学生积累实际电子制作经验，准备走向更复杂更实用的应用领域，是一门参加“全国大学生电子设计竞赛”前的技能培训课程，目的在于巩固基础，注重设计，培养技能，追求创新，走向实用。

7.1.1 教学方式

教师指导与学生设计相结合，以学生独立设计为主。

学生按自愿组成两人或三人的设计团队，以抽签的方式确定本团队的设计题目，在本学期 15 周前完成全部设计与制作。

7.1.2 教学要求

设计团队的全体成员每周需向指导老师汇报设计的进展情况(时间不限定)，以此作为本课程的出勤率考核。

1. 电子线路设计的基本方法

通常所说的电子电路的设计，主要包括：

(1)满足性能指标要求的总体方案的选择。

(2)各部分原理电路的设计。

(3)电路参数值的计算。

(4)电路的实验与调试以及参数的修改、调整。

电子电路设计在电子工程应用领域中占有很重要的地位。其设计质量的高低不但直接影响到产品或电路性能的优劣，还对研制成果的经济效益起着举足轻重的作用。

在设计一个常用的电子电路(模拟电路与数字电路)时，首先必须明确设计任务，根据设计任务按一般电子电路设计步骤进行设计。但电子电路的种类很多，器件选择的灵活性很大，因此设计方法和步骤也会因不同情况而有所区别，有些步骤需要交叉进行，甚至反复多次，设计者应根据具体情况灵活掌握。

2. 电子线路设计的基本步骤

(1)第一步，功能和性能指标分析(明确设计任务)

一般设计题目给出的是系统的功能要求和重要技术性能指标要求，这些要求是电子系统设计的基本出发点。

但仅凭题目所给要求，还不能进行设计，设计人员必须对题目的各项要求进行分析，整理出系统和具体电路所需要的更具体、更详细的功能要求和技术性能指标要求，这些要求才是进行电子电路系统设计的原始依据。

(2)第二步，方案论证与总体设计。

1)初步设计。

有了功能和性能指标分析的结果，就可以进行初步的方案设计。方案设计的内容是选择实现系统的方法，准备采用的系统结构(如系统功能框图)，同时还应考虑实现系统各部分的方法。

2)方案比较。

提出几种方案进行初步对比，如果不能确定，就应当进行关键电路分析(包括中间实验)，然后再做比较，评价各个方案的优缺点、可行性和可能的达标情况，选定最佳方案。

3)实际设计。

注意两点：

①针对事关全局的主要问题，要开动脑筋，多提方案，便于合理选择。

②电子设计需要不断改进和完善，出现反复是难免的，但应避免方案上的大反复，以免浪费时间和精力。

(3)第三步，单元电路设计(原理电路设计)。

在选定总体方案之后，便可画出总体电路的框图，着手进行单元电路的设计。

1)单元电路设计的一般步骤。

根据设计要求和已选定的总体方案原理图，明确对各单元电路的要求，详细拟订各单元电路的性能指标，注意各单元电路输入信号、输出信号、控制信号之间的关系与相互配合，注意尽量少用或不用电平转换之类的接口电路。

在选择单元电路的结构形式时，最简单的办法是从过去学过的和所了解的电路中选择一个合适的电路，同时还应去查阅各种资料，通过学习、比较来寻找更好的电路形式。一个好的电路结构应该是满足性能指标的要求，功能齐全，结构简单、合理，技术先进等。

2)主要参数的计算与选取。

①元器件的选择：集成电路由于具有体积小、功耗低、工作性能好、安装调试方便等一系列的优点而得到了广泛的应用，成为现代电子电路的重要组成部分之一，因此，在电子电路设计中，优先选用集成电路已成为人们所认可的一致看法。

但是也不要以为采用集成电路就一定比用分立元件好。例如有些功能相当简单的电路，只要用一只三极管或二极管就能解决问题，就不必选用集成电路了。如数字电路中的缓冲、倒相、驱动等应用场合就是如此。另外有些特殊应用情况（如高电压，大电流输出），采用分立元件往往比用集成电路更切合实际。

a. 模拟集成电路选择。

常用的模拟集成电路主要有运算放大器、电压比较器、模拟乘法器、集成稳压块、锁相环、函数发生器等。设计中选择模拟集成电路的方法一般是先粗后细：先根据总体设计方案考虑选用什么类型的集成电路，如运算放大器有通用型、低漂移型、高阻型、高速型等，然后再进一步考虑它的性能指标与主要参数，如运算放大器的差模和共模输入电压范围、输出失调参数、开环差模电压增益、共模抑制比、开环带宽、转换速率等。这些参数值是选择集成运算放大器的主要参考依据。最后应综合考虑价格等其他因素而决定选用什么型号的器件。

b. 数字集成电路选择。

数字集成电路（简称数字 IC）的发展速度非常快，经过近几十年的更新换代，到目前为止，已形成多种系列化产品同时并存的局面，各系列品种的功能配套齐全，可供用户自由选择。在选择数字集成电路时，必须了解数字集成电路的种类和特点。

数字 IC 系列产品大体上分为了 TTL 型，ECL 型，CMOS 型等三大类。

- TTL 型

74→74H→74S→74AS 高速化发展

74→74LS→74ALS 低功耗高速度方向发展

特点：

◆ 不同系列的产品相互兼容，选择余地大。

◆ 参数稳定，使用可靠。

◆ 工作速度和功耗均介于 ECL 型与 CMOS 型之间，具有较宽的工作速度范围。

◆ 采用 +5 V 电源供电。

- ECL 型

ECL 和 TTL 一样也是双极型数字 IC。其系列产品主要有 ECL－10K 与 ECL－100K 两种系列。ECL 电路的品种不多，产品限于中小规模集成电路。

特点：

◆ 工作速度快。ECL 门电路的传输延迟时间可缩短至 1ns 以内，是现代数字 IC 中工作速度最快的一种。适用工作频率范围为 100～1000 MHz。

◆ 输出内阻低，带负载能力很强。

◆ 功耗大，输出电平稳定性较差，噪声容限比较低，抗干扰能力较差。

- CMOS 型

CMOS 数字 IC 是用 MOSFET 作开关元件，属单极型数字 IC，其系列产品主要有标准型，40H 型，74HC 型与 74AC 型等 4 种。

特点：

◆ 静态功耗极低。中规模集成电路的静态功耗小于 100 mW。

◆ 输入阻抗非常高。正常工作时，直流输入阻抗可大于 100MΩ。

◆ 输出能力强。低频工作时，一个输出端可驱动 50 个以上的 CMOS 器件输入端。

◆ 抗干扰能力强。电压噪声容限可达电源电压的45%。

◆ 电源电压范围宽。工作电压范围为3～18 V。

三种数字集成电路比较，ECL电路速度最快，但功耗较大，而CMOS电路速度慢，功耗很低，TTL电路的性能介于ECL和CMOS集成电路之间。应该说，各类数字IC都各具特点，都在发展，也都存在着应用的局限性。在各种应用场合中，应该综合考虑各类数字集成电路的性能，以求得到最佳的应用效果。

c.半导体三极管的选择。

半导体三极管是应用较广的分立器件，它对电路的性能指标影响很大。其次是二极管和稳压管。如何选择半导体三极管呢？大致有以下几方面：

◆ 从满足电路所要求的功能（如放大作用，开关作用等）出发，选择合适的类型。如大功率管、小功率管、高频管、低频管、开关管等。

◆ 根据电路要求选择β值。一般情况下，β值越大，温度稳定性越差，通常β取50～100。

◆ 根据放大器通频带的要求，选择管子适当的共基截止频率f_α或特征频率f_T。

根据已知条件选择管子的极限参数。一般要求：

- 最大集电极电流$I_{CM}>2I_C$；
- 击穿电压$V_{(BR)CEO}>20V_{CC}$；
- 最大允许管耗$P_{CM}>(1.5\sim2)W_{max}$。

d.阻容元件的选择。

电阻和电容也是两种应用最广的分立元件，它们的种类繁多，性能各异。在选择阻容元件的过程中，有以下几个方面需要考虑：

根据不同电路对电阻和电容性能的要求，选用适合的电阻、电容器。如基本运算电路中的外接电阻，大都宜选用0.1%的金属膜电阻，不宜选用电感效应大的线绕电阻。又如低频滤波回路中的电容，宜选用大容量（100～3300 μF）的铝电解电容。由于其对高次谐波的滤波效果差，通常还需并联小容量（0.01～0.1 μF）的瓷片电容。

选择合适的阻容元件时，应尽量选用标称系列，并注意电阻器的允许误差范围与功率，注意电容器的容量与耐压值。

②参数计算：具体方法已在“模拟电子技术基础”，“数字电子技术基础”等课程中学习过且做了不少习题，但设计电路时的参数计算与做习题不一样。习题求解时通常的参数值为已知量，需要求解的只有1～2个参数，正确的答案一般也只有一个。而电路设计时除了对电路的性能指标有要求外，通常没有其他任何已知参数，几乎全部由设计者自己选择和计算，这样理论上满足要求的参数值就不会是唯一的了，这需要设计者根据价格、货源等具体情况灵活选择。所以设计电路中的参数计算，首先是计算，然后是根据计算值对参数进行合理选择（如RCL的标称值）。

③进行各部分功能电路设计及电路连接的设计。这时要注意局部电路对全系统的影响，要考虑是否易于实现，是否易于检测等问题。因此同学们平时要注意对各种电路资料的积累。

（4）第四步，可靠性设计。

①定出合理的设计指标。

②系统本身所能达到的指标。

③容错能力。

(5)第五步，电路兼容设计。

电磁兼容特性是指确保仪器或者系统正常工作时对周围电磁环境和内部电路相互之间电磁作用的限制、要求和特点(抗干扰能力，干扰源)。

在电路设计时应注意:

①选用电磁兼容特性好的集成电路。

②尽量提高系统集成度。

③只要条件允许尽量降低系统工作频率。

④为系统提供足够功率的电源。

⑤电路布局、布线要合理，做到高低频分开，功率电路与信号电路分开，数字电路与模拟电路分开。

(6)第六步，安装调试。

经过对电子电路的理论设计之后，便可进入电路的安装调试阶段。电子电路的安装调试在电子工程技术中占有很重要的地位，它是把理论付诸于实践的过程，也是知识转化为能力的一种重要途径。当然这一过程也是对理论设计做出检验、修改，使之更加完善的过程。安装调试工作能否顺利进行，除了与设计者掌握的调试测量技术，对测试仪器的熟练使用程度以及对所设计电路的理论掌握水平等有关之外，还与设计者工作中的认真、仔细、耐心的态度有关。

各单元电路调试之后逐步扩大到整体电路的联调。联调主要是观察动态结果，测试电路的性能指标，检查电路的测试指标与设计指标是否相符，逐一对比，找出问题，然后进一步修改参数，直至满意为止。

(7)实验调试完结之后，还应注意最后校核与完善总体电路图。

调试方案的设计目的是为设计人员提供一个有序、合理、迅速的系统调试方法，使设计人员在实际调试前就对调试的全过程有清楚的认识，明确要调试的项目、应达到的指标、可能发生的问题和现象，处理问题的方法以及各部分调试时所需要的仪器设备等。还包括测试结果记录的格式设计，记录格式必须明确反映系统所实现的各项功能特性和达到的各项技术指标。

1)电子线路调试方法。

①电子元器件的一般安装原则:

a. 引脚尽量短;

b. 模拟和数字分开;

c. 按功率分布。

②电路调试前的直观检测。

③电子电路调试注意事项。

④电子干扰的抑制措施。

⑤电路故障及故障排除方法。

2)电路故障及故障排除方法。

①直接观察法。

②静态工作点测量法。
③信号寻迹法。
④对比法。
⑤元件替换法。
⑥旁路法。
⑦短路法。
⑧断路法。
3）设计报告格式和内容。
①设计题目。
②设计任务和要求。
③方案设计与论证（方案比较）。
④原理电路设计。
a. 单元电路设计；
b. 元件选择；
c. 整体电路（标出原元件型号和参数，画出必要波形图）；
d. 说明电路工作原理。
⑤性能测试与分析。

整理实验数据和测试波形，对模拟电路应有理论设计数据、实测数据、仿真数据和误差分析，数字电路应有设计逻辑流程、波形图、时序图或真值表，如是可编程器件应有程序流程。

⑥实验困难问题及解决措施（心得）。
⑦实验参考文献。

7.2　模拟电子系统综合设计

7.2.1　模拟电子系统设计的一般方法

1. 设计环节

我们通常所说的综合设计，一般包括四个环节：
（1）拟定性能指标。
（2）电路的预设计。
（3）实验。
（4）修改设计。

2. 衡量设计的标准

（1）工作稳定可靠，能达到所要求的性能指标，并留有适当的裕量。
（2）电路简单、成本低。
（3）功耗低。
（4）所采用元器件的品种少、体积小且货源充足。
（5）便于生产、测试和维修等。

7.2.2 模拟电子系统设计的一般步骤

(1)输入、输出信号及系统性能要求分析。

(2)选择总体方案。

(3)设计单元电路。

(4)选择元器件。

(5)计算参数。

(6)审图。

(7)安装调试(包括修改测试性能)。

(8)画出总体电路图。

由于电子电路种类繁多，千差万别，设计方法和步骤也因情况不同而各异，因而上述设计步骤需要交叉进行，有时甚至会出现反复。因此在设计时，应根据实际情况灵活掌握。

7.2.3 输入、输出信号及系统性能要求分析

1. 输入信号

(1)输入信号的类型：正弦波、钟形波、三角波、梯形波等。

(2)输入信号的频率范围。

(3)输入信号的频谱。

(4)输入信号的幅值。

(5)输入信号中是否含有干扰波等。

2. 输出信号

(1)输出信号要求的幅值。

(2)输出信号要求的频率范围。

(3)输出信号要求的波形。

(4)输出信号要求的功率等。

3. 系统性能要求

(1)增益要求。

(2)失真度要求。

(3)系统的功能要求等。

7.2.4 选择总体方案

1. 选择总体方案的一般过程

设计电路首先就是选择总体方案。所谓总体方案是根据所提出的任务、要求及性能指标，用具有一定功能的若干单元电路组成一个整体，来实现各项功能，满足设计题目提出的要求和技术指标。

由于符合要求的总体方案往往不止一个，应当针对任务、要求和条件，查阅有关资料，以广开思路，提出若干不同的方案，然后仔细分析每个方案的可行性和优缺点，加以比较，从中选取合适的方案。在选择过程中，常用框图表示各种方案的基本原理。框图一般不必画得太详细，只要说明基本原理就可以了。

2. 选择方案应注意的几个问题

应当针对关系到电路全局的问题，开动脑筋，多提些不同的方案，深入分析比较。有些关键部分，还要提出各种具体电路，根据设计要求进行分析比较，从而找出最优方案。

既要考虑方案的可行性，又要考虑性能、可靠性、成本、功耗和体积等实际问题。选定一个满意的方案并非易事，在分析论证和设计过程中需要不断改进和完善，出现一些反复是难免的，但应尽量避免方案上的大反复，以免浪费时间和精力。

3. 设计单元电路

在确定了总体方案、画出详细框图后，便可进行单元电路设计。

设计单元电路的一般方法和步骤：

(1)根据设计要求和已选定的总体方案的原理框图，确定对各单元电路的设计要求，必要时应详细拟订主要单元电路的性能指标。特别应注意各单元电路之间的相互配合，尽量少用或不用电平转换之类的接口电路，以简化电路结构，降低成本。

(2)拟订出各单元电路的要求后，应全面检查一遍，确认无误后方可按一定顺序分别设计各单元电路。

(3)选择单元电路的结构形式。一般情况下，应查阅有关资料，以拓展知识面、开阔眼界，从而找到合用的电路。如确实找不到性能指标完全满足要求的电路时，也可选用与设计要求比较接近的电路，然后调整电路参数。

7.2.5　选择元器件

从某种意义上讲，电子电路的设计就是选择最合适的元器件，并把它们最好地组合起来。因此在设计过程中，经常遇到选择元器件的问题，不仅在设计单元电路和总体电路及计算参数时要考虑选哪些元器件合适，而且在提出方案、分析和比较方案的优缺点时，有时也需要考虑用哪些元器件以及它们的性能价格比如何等。怎样选择元器件呢？必须搞清两个问题：

第一，根据具体问题和方案，需要哪些元器件？每个元器件应具有哪些功能和性能指标？

第二，有哪些元器件实验室有，哪些在市场上能买到？性能如何？价格如何？体积多大？电子元器件种类繁多，新产品不断出现，这就需要经常注意元器件的信息和新动向，多查资料。

(1)一般优先选用集成电路。

集成电路的应用越来越广泛，它不但减小了电子设备的体积、成本，提高了可靠性，安装、调试比较简单，而且大大简化了设计，使设计变得非常方便。各种模拟集成电路的应用就使得放大器、稳压电源和其他一些模拟电路的设计比以前容易得多。例如：+5 V 直流稳压电源的稳压电路，以前常用晶体管等分立元件构成串联式稳压电路，现在一般都用集成三端稳压器 W7805 构成，二者相比，显然后者比前者简单得多，而且很容易设计制作，成本低、体积小、重量轻、维修简单。

但是，不要以为采用集成电路一定比用分立元件好，有些功能相当简单的电路，只要用一只三极管或二极管就能解决问题，若采用集成电路反而会使电路复杂，成本增加。例如(5~10)MHz 的正弦信号发生器，用一只高频三极管构成电容三点式 LC 振荡器即可满足要求。若采用集成运放构成同频率的正弦波信号发生器，由于宽频带集成运放价格高，成本必然高。因此在频率高、电压高、电流大或要求噪声极低等特殊场合，仍需采用分立元件，必要时可画出两种电路进行比较。

(2)怎样选择集成电路。

集成电路的品种很多，选用方法一般是“先粗后细”，即先根据总体方案考虑应该选用什么功能的集成电路，然后考虑具体性能，最后根据价格等因素选用某种型号的集成电路。例如需要构成一个三角波发生器，既可用函数发生器 8038，也可用集成运放构成。为此就必须了解 8038 的具体性能和价格。若用集成运放构成三角波发生器，就应了解集成运放的主要指标，选哪种型号符合三角波发生器的要求，以及货源和价格等情况，综合比较后再确定是选用 8038 好，还是选用集成运放好。

(3)选用集成电路时，除以上所述外，还必须注意以下几点：

1)应熟悉集成电路的品种和几种典型产品的型号、性能、价格等，以便在设计时能提出较好的方案，较快地设计出单元电路和总电路。

2)选择集成运放，应尽量选择全国集成电路标准化委员会提出的“优选集成电路系列”(集成运放)中的产品。

3)集成电路的常用封装方式有三种：扁平式、直立式和双列直插式，为便于安装、更换、调试和维修，一般情况下，应尽可能选用双列直插式集成电路。

(4)阻容元件的选择。

1)电阻和电容是两种常用的分立元件，它们的种类很多，性能各异。阻值相同、品种不同的两种电阻或容量相同、品种不同的两种电容在同一电路中的同一位置，可能效果大不一样。此外，价格和体积也可能相差很大。

2)反相比例放大电路的电阻选择。

如图 7.1，当它的输入信号频率为 100 kHz 时，如果 R_1 和 R_f 采用两只 0.1% 的绕线电阻，其效果不如用两只 0.1% 的金属膜电阻的效果好，这是因为绕线电阻一般电感效应较大，且价格贵。

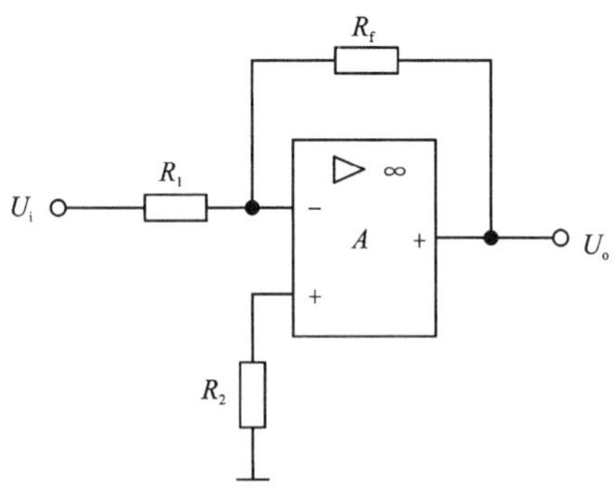

图 7.1　反相比例放大器

3)直流稳压电源中的滤波电容的选择。

图 7.2 中 C_1 起滤波作用，C_3 用于改善电源的动态特性(即在负载电流突变时，可由 C_3 提供较大的电流)，它们通常采用大容量的铝电解电容，这种电容的电感效应较大，对高次谐波

的滤波效果差，通常需要并联一只0.01～0.1 μF的高频波滤电容，即图7.2中的C_2和C_4。若选用1只0.047 μF的聚苯乙烯电容作为C_2和C_4，不仅价格贵，体积大，而且效果差，即输出电压的纹波较大，甚至可能产生高频自激振荡，如用两只0.047 μF的瓷片电容就可克服上述缺点。

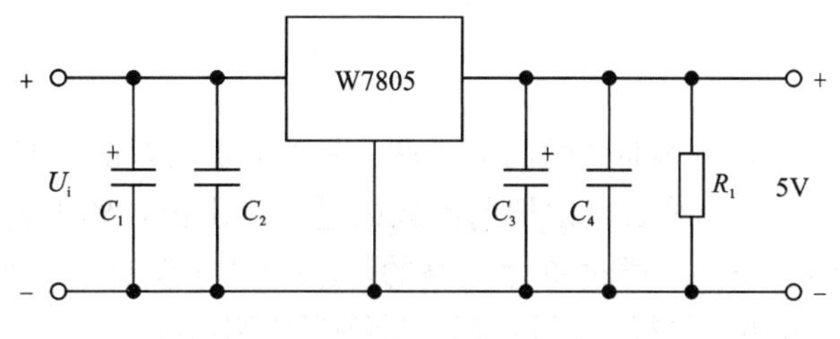

图7.2　直流电源中滤波电容的作用

7.2.6　计算参数

在电路设计过程中，必须对某些参数进行计算后才能挑选元器件。只有深刻地理解电路工作原理，正确地运用计算公式和计算图表，才能获得满意的计算结果。在设计计算时，常会出现理论上满足要求的参数值不唯一的问题，设计者应根据价格、体积和货源等具体情况进行选择。计算电路参数时应注意下列问题：

各元器件的工作电流、电压和功耗等应符合要求，并留有适当裕量。

对于元器件的极限参数必须留有足够裕量，一般应大于额定值的1.5倍。

对于环境温度、交流电网电压等工作条件应按最不利的情况考虑。

电阻、电容的参数应选计算值附近的标称值。

在保证电路达到功能指标要求的前提下，应尽量减少元器件的品种、价格、体积、数量等。

7.2.7　审图

审图是对电路初步设计的审查，使没有考虑到的问题和错误能够及时发现，并修改过来。审图一般由具有丰富经验的工程技术人员来担任，所以，初次设计者应该主动请教具有经验丰富的老同志。

随着科学技术的发展，也可以通过仿真软件进行设计电路的运行仿真，从中及时发现未考虑到的问题和错误。所以，初学设计者应该学会虚拟仿真技术，以便对自己所设计的电路进行仿真验证。只有在仿真通过后，特别是在性能技术指标都达到设计要求时，设计才能算是初步完成了，否则，应及时对电路进行修改，以达到设计要求。

7.2.8　安装调试

1. 安装

(1)焊点要牢固、可靠，微调元件调好后要锁紧，接插件要有定位锁扣，以免振动时脱出。

(2)电解电容器要注意正极接高电位，负极接低电位，并不要放在发热元件(如功率较大的电阻和大功率晶体管等)附近，防止过热。

(3)元件之间或印刷电路板与外电路之间的连接导线最好选用不同颜色，以便区别。导线很多时，可在端部装上塑料套管，打上标号，以便检查。有时将晶体管管脚套上套管，是为了防止极间短路。

2. 调试

(1)单元电路调试。

在调试单元电路时应明确本部分的调试要求，按调试要求测试性能指标和观察波形。调试顺序按信导的流向进行。这样，可以把前面调试过的输出传导作为后一级的输入信号，为最后的系统总体调试创造条件。通过单元电路的静态和动态调试，掌握必要的数据、波形、现象，然后对电路进行分析、判断、排除故障，最终完成调试要求。

(2)系统总体调试。

系统总体调试应观察各单元电路连接后各级之间的信号关系。主要观察动态效果，检查电路性能和参数，分析测量的数据和波形是否符合设计要求，对发现的故障和问题及时采取处理措施。

系统总体调试时，应先调试基本指标，后调试影响质量的指标。先调试独立环节，后调试有影响的环节，直到满足系统的各项技术指标为止。

7.2.9 画出总电路图

设计好各单元电路以后，应画出总电路图。

总电路图是进行实验和印刷电路板设计制作的主要依据，也是进行生产、调试、维修的依据，应认真对待。

模拟电子系统设计归纳：

(1)分析(输入、输出)比较(性价比)定方案。

(2)设计电路(选择单元电路)分模块(注意接口)。

(3)元器件优先选集成块(注重性价比)。

(4)阻容选择要讲究(型号、计算参数要靠近标称参数)。

(5)电路参数分静(静态工作点)动(动态参数范围)。

(6)系统仿真(应用 EWB 作电路仿真)作审查。

(7)单元系统分调试(安装、单元调试、系统总调)。

(8)画出系统总电路。

7.2.10 设计实例

1. 设计课题

逻辑信号电平测试器的设计。

2. 技术指标

(1)测量范围：低电平 $U_L < 0.8$ V，高电平 $U_H > 3.5$ V。

(2)用 1 kHz 的音响表示被测信号为高电平。

(3)用 800 Hz 的音响表示被测信号为低电平。

(4)当被测信号在0.8～3.5 V之间时，不发出音响。

(5)输入电阻大于20 kΩ。

3. 选择总体方案，确定电路框图

本测试器是采用声音来表示被测数字电路各部位的逻辑状态，高电平和低电平分别用不同声调的声音表示。如果在高、低电平之间则不发音。

电路可以由五部分组成：输入电路、逻辑状态判断电路、音响声调电路、发音电路和电源。其原理框图如图7.3所示。

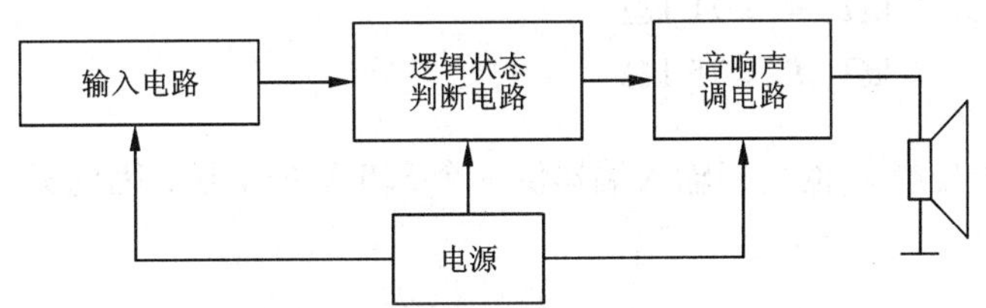

图7.3　逻辑信号电平测试原理框图

4. 各单元电路的设计

(1)输入和逻辑状态判断电路。

图7.4为输入和逻辑状态判断电路原理图。图中U_i是被测信号，A_1和A_2为两个运算放大器。可以看出A_1和A_2分别与它们外围电路组成两个电压比较器。A_2的同相端电压为0.8 V左右(D_1、D_2分别为锗、硅二极管)，A_1的反相端电压U_H由R_3和R_4的分压决定。当被测电压U_i小于0.8 V时，A_1的反相端电压大于同相端电压，使A_1输出端U_A为低电平(0 V)。A_2的反相端电压小于同相端电压，使它的输出端U_B为高电平(5 V)。当U_i在0.8 V～U_H之间时，A_1同相端电压小于U_H，A_2同相端电压也小于反相端电压，所以A_1和A_2的输出电平均为低电平。当U_i大于U_H时，A_1输出端电压U_A为高电平，A_2输出端电压U_B为低电平。

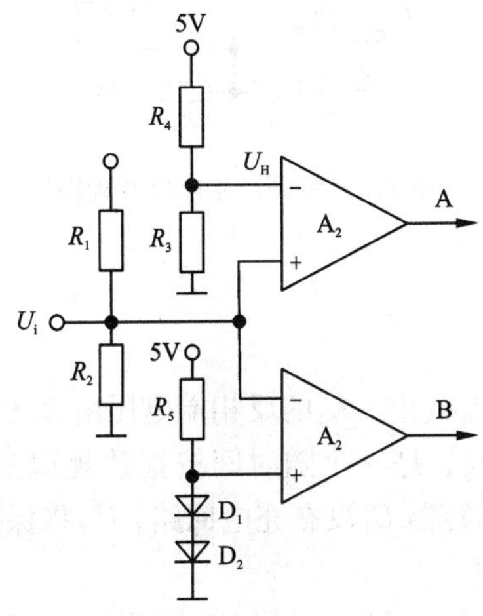

图7.4　输入和逻辑判断电路原理图

输入电路由 R_1 和 R_2 组成。电路的作用是保证测试器输入端 U_i 悬空时，既不是高电平，也不是低电平。一般情况下，在输入端悬空时使 $U_i = 1.4\ \mathrm{V}$。根据技术指标要求输入电阻大于 20 kΩ，故：

$$\frac{R_2 \cdot V_{CC}}{R_1 + R_2} = 1.4\ \mathrm{V}$$

$$\frac{R_1 \cdot R_2}{R_1 + R_2} \geqslant 20\ \mathrm{k\Omega}$$

可求得：$R_1 = 27.6\ \mathrm{k\Omega}$，$R_2 = 71\ \mathrm{k\Omega}$

取标称值：$R_1 = 30\ \mathrm{k\Omega}$，$R_2 = 75\ \mathrm{k\Omega}$

R_3 和 R_4 的作用是给 A_1 的反相输入端提供一个 3.5 V 的电压，因此只要保证：$\frac{R_3 \cdot V_{CC}}{R_3 + R_4} \leqslant 3.5\ \mathrm{V}$ 即可。

R_3、R_4 取值过大容易引入干扰，取值过小则耗电量大，工程上一般取几十千欧至几百千欧，所以取 $R_4 = 68\ \mathrm{k\Omega}$，则可计算出 $R_3 \geqslant 29\ \mathrm{k\Omega}$，取标称值 $R_3 = 30\ \mathrm{k\Omega}$。

R_5 为二极管 D_1、D_2 的限流电阻。D_1 和 D_2 的作用是提供低电平信号基准，为 0.8 V，故 D_1 选用锗二极管，D_2 选用硅二极管，这样可使 A_2 的同相端电压为 0.8 V。取 $R_5 = 4.7\ \mathrm{k\Omega}$。

(2) 音调产生电路。

图 7.5 为音调产生电路原理图。主要由运算放大器 A_3 和 A_4 组成。

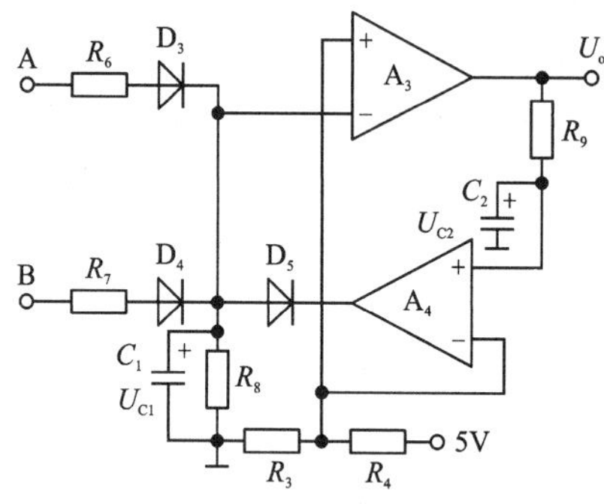

图 7.5 音调产生电路原理图

工作原理如下：

1) 当 $U_A = U_B = 0\ \mathrm{V}$ 时。

当 $U_A = U_B = 0\ \mathrm{V}$ 时，D_3、D_4 截止。A_4 的反相端电压由 R_3 和 R_4 分压得到 3.5 V，其同相端电压为电容器 C_2 两端的电压 U_{C2}，是一个随时间按指数规律变化的电压，所以 A_4 输出电压 $U_{o4} \geqslant 0\ \mathrm{V}$，$D_5$ 处于截止状态，电容器 C_1 没有充电回路，U_{o4} 将保持 0 V，使 A_3 输出为高电平。

2) 当 $U_A = 5\ \mathrm{V}$，$U_B = 0\ \mathrm{V}$ 时。

此情况使 D_3 导通，对 C_1 充电，因为 A_3 同相端电压为 3.5 V，所以在 U_{C1} 达到 3.5 V 之前，$U_{C3} = 5\ \mathrm{V}$，对 C_2 充电。C_1 的充电时间常数 $\tau_1 = R_6 \cdot C_1$，C_2 的充电时间常数 $\tau_2 = (R_9 + r_{C3}) \cdot C_2$（$r_{C3}$ 为 A_3 的输出电阻）。假设 $\tau_2 < \tau_1$，则在 C_1 和 C_2 同时充电时，当 U_{C1} 达到 3.5 V 时，U_{C2}

已接近稳态时的5 V。因此在U_{C1}升至3.5 V后，A_3同相端电压小于反相端电压，A_3输出由5 V下跳为0 V，使C_2通过R_9和r_{C3}放电，U_{C2}由5 V逐渐降低。当U_{C2}小于A_4反相端电压(3.5 V)时，A_4输出端电压跳变为0 V，D_5导通，C_1通过D_5和A_4的输出电阻(r_{o4})放电，因为r_{o4}很小，U_{C1}迅速降到0 V左右，这将导致A_3输出电压又跳变为5 V，C_1再一次充电，周而复始，在A_3输出端形成脉冲信号。U_{C1}、U_{C2}和U_{C3}的波形如图7.6所示。

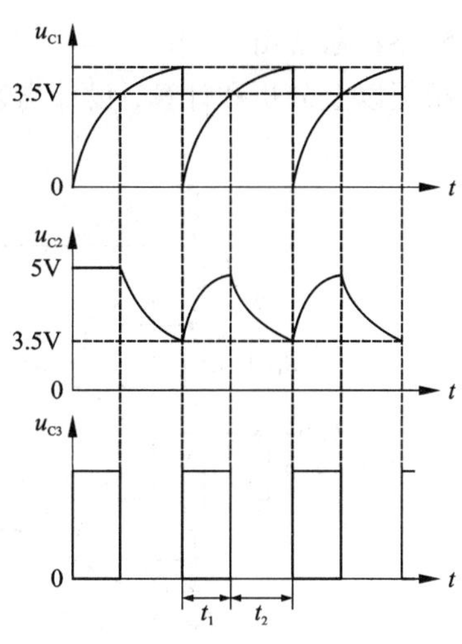

图7.6 U_{C1}、U_{C2}和U_{C3}波形图

根据一阶电路响应特性，在t_1期间，C_1充电，$u_{C1}(t)=5(1-e^{-t/\tau_1})$，在$t_2$期间，$C_2$放电，$u_C=5e^{-t/\tau_2}$，所以：

$t_1=-\tau_1\ln 0.3\approx 1.2\tau_1$；

$t_2=-\tau_2\ln 0.7\approx 0.36\tau_2$；

故U_{o3}的周期：$T=t_1+t_2=1.2\tau_1+0.36\tau_2$。

这里选：$\tau_2=0.5$ ms，取$C_2=0.01$ μF，可求得：

$R_9=\tau_2/C_2=0.5$ ms/0.01 μF$=50$ kΩ。

根据技术要求，当被测信号为高电平时，$f=1$ kHz，其周期：$T=1$ ms，

所以：$\tau_1=(T-0.36\tau_2)/1.2=0.68$ ms

$R_6=\tau_1/C_1\approx 6.8$ kΩ。

3）当$U_A=0$，$U_B=5$ V时。

此时电路工作过程同前，区别仅在于D_4导通，D_5截止，U_B高电平通过R_7D_4向C_1充电，所以τ_1的时间常数和U_{C3}的周期发生相应的变化，此种情况是被测信号为低电平状况，$f=800$ Hz，其周期$T=1/f=1.25$ ms。

$\tau_1=0.89$ ms

$R_7=\tau_1/C_1\approx 9.1$ kΩ

(3)扬声器驱动电路。

扬声器驱动电路如图7.7所示，由于驱动电路的工作电源比较低，因此对三极管的参数要求不高，选用3DG12为驱动管，R_{10}为限流电路，选用10 kΩ。

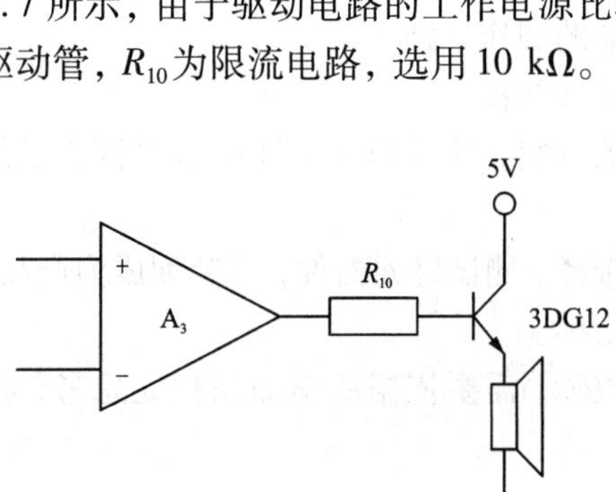

图7.7 扬声器驱动电路

5. 整机电路图

根据以上分析和计算，设计出逻辑信号电平测试器的总体电路图，如图 7.8 所示。

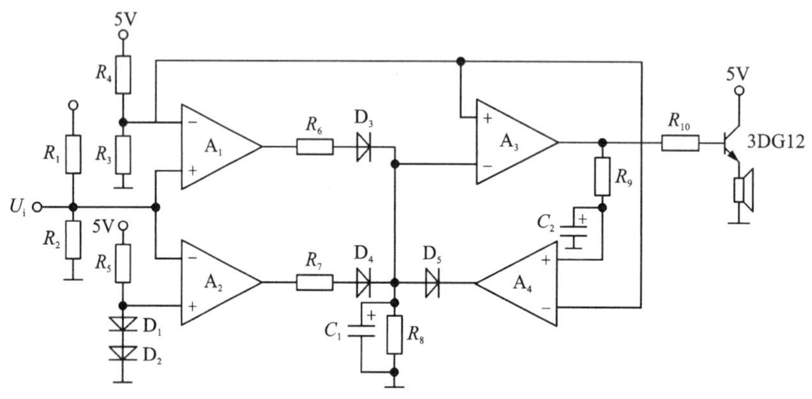

图 7.8　逻辑信号电平测试器的总体电路图

7.3　数字电子系统综合设计(数字计时器的设计与制作)

7.3.1　电子数字计时器的设计及制作指导思想

为了巩固同学们所学的基础知识和对基础知识的应用，提高独立思考问题、分析问题和解决今后工作中的实际问题的能力，为了把同学们培养成为既有理论知识又有实际动手能力的良好素质人才，特针对“数字电路”课程，开设数字计时器的实训，其目的是通过设计、制作、帮助同学们掌握简单数字系统的设计和制作方法，让同学们学会查阅有关资料，使他们将学过的知识融会贯通。

以数字计时器为例，介绍数字计时器的组成方框图(见图 7.9)。

7.3.2　电子数字计时器课程设计的步骤

(1)确立电子数字计时器的制作思路。

(2)查阅有关资料绘制设计初稿。

(3)根据初稿再查阅有关资料，反复修改设计稿以取得正确的理论知识的支撑，并绘出各部分的电路图。

(4)按所设计的电路去选择、测试好元器件，并装配成为产品。

(5)调试好产品的技术指标。

(6)若组装出的产品有故障，需要依据所学知识独立思考，找出问题的根源，并排除产品的故障。

(7)准备设计论文答辩。

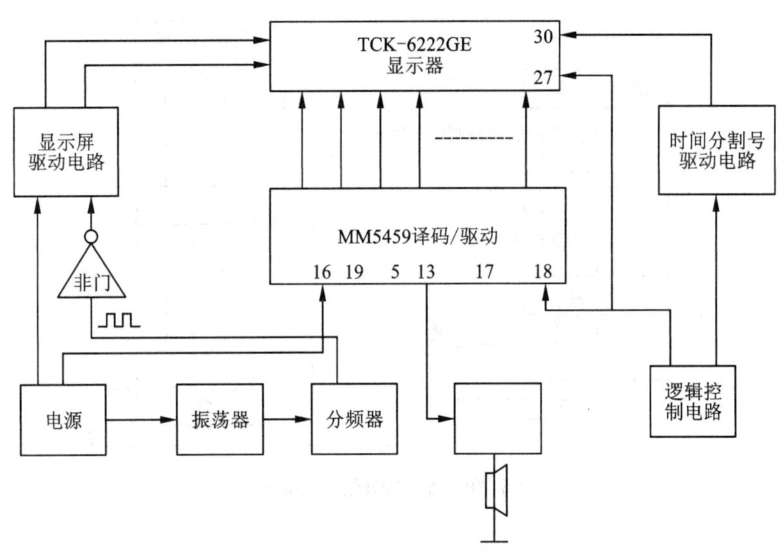

图 7.9　数字计时器的组成方框图

7.3.3　数字计时器的设计构思

要想构成数字钟，首先应有一个能自动产生稳定的标准时间脉冲信号的信号源。还需要有一个使高频脉冲信号变成适合于计时的低频脉冲信号的分频器电路，即频率为 1 Hz 的“秒脉冲”信号。经过分频器输出的秒脉冲信号到计数器中进行计数。由于计时的规律是：60 秒 =1 分，60 分 =1 小时，24 小时 =1 天，这就需要分别设计 60 进制，24 进制（或 12 进制的计时器，并发出驱动 AM；PM 的标志信号）。各计数器输出的信号经译码器/驱动器送到数字显示器对应的笔画段，使得“时”、“分”、“秒”得以数字显示。

值得注意的是：任何数字计时器都有误，因此应考虑校准时间电路，校时电路一般采用自动快调和手动调整，“自动快调”是利用分频器输出的不同频率脉冲使得显示时间自动迅速的得到调整。“手动调整”是利用手动的节拍调整显示时间。

1. 数字钟的原理框图

如图 7.10 所示。

2. 数字计时器的设计方法

(1) 设计脉冲源。

所学过的自激式振荡电路有：自激多谐振荡器、自激间歇振荡器和石英晶体振荡器。

选择石英晶体振荡器的理由：

由于通常要求数字钟的脉冲源的频率要十分稳定、准确度高，因此要采用石英晶体振荡器，其他的多谐振荡器难以满足要求。石英晶体不但频率特性稳定，而且品质因数很高，有极好的选频特性。一般情况下，晶振频率越高，准确度越高，但所用的分频级数越多，耗电量就越大，成本就越高，在选择晶体时应综合考虑。

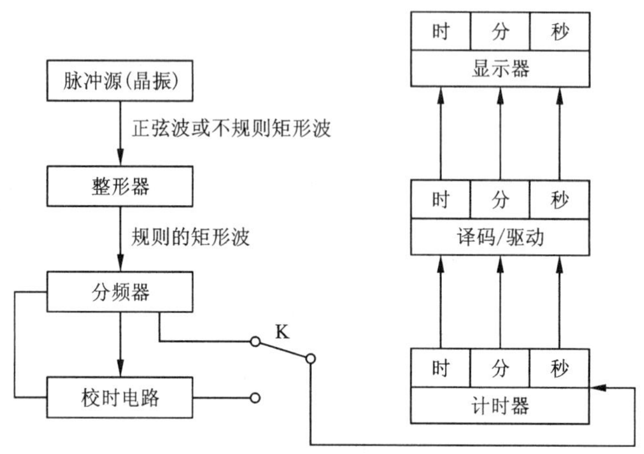

图 7.10 数字钟的原理框图

1)石英晶体振荡电路 1(见图 7.11)。

石英晶体振荡器的频率取决于石英晶体的固有频率，与外电路的电阻电容的参数无关。

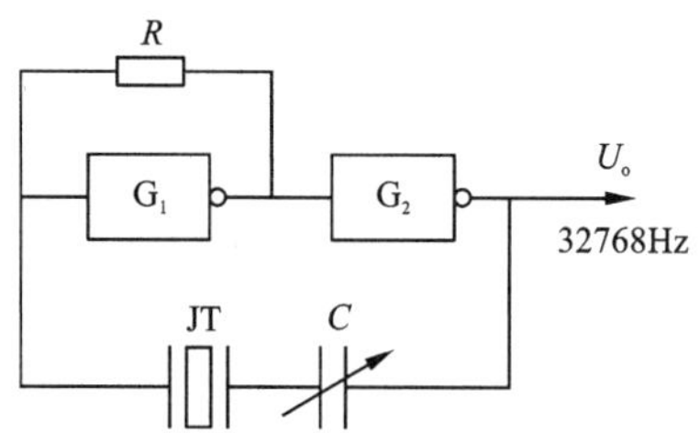

图 7.11 石英晶体振荡电路 1

2)石英晶体振荡电路 2(见图 7.12)。

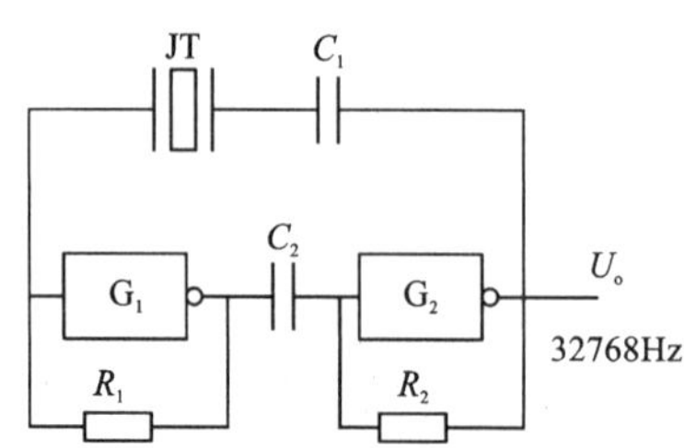

图 7.12 石英晶体振荡电路 2

RC 为时间元件，改变 *C* 的值可调整晶体振荡器的输出频率，石英晶体的振荡频率为 32768 Hz。

(2)设计整形电路。

由于晶体振荡器输出的脉冲是正弦波或是不规则的矩形波，因此必须经整形电路整形。

我们已学过的脉冲整形电路有以下几种：削波器、门电路、单稳态电路、双稳态电路、施密特触发器等。

例1：构成施密特的电路的几种形式

①用555定时器构成的施密特触发器。

②集成施密特触发器(74LS13)。

③用门电路构成的触发器(见图7.13)。

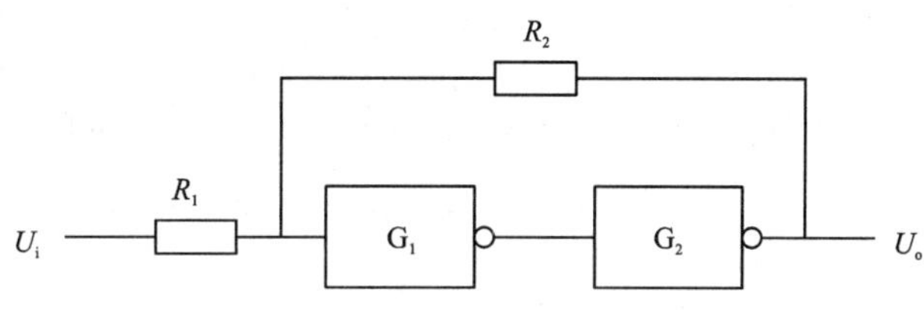

图7.13　用门电路构成的触发器

④两级CMOS反相器组成的回差电压可调的施密特触发器。

⑤门电路组成的整形电路(见图7.14)。

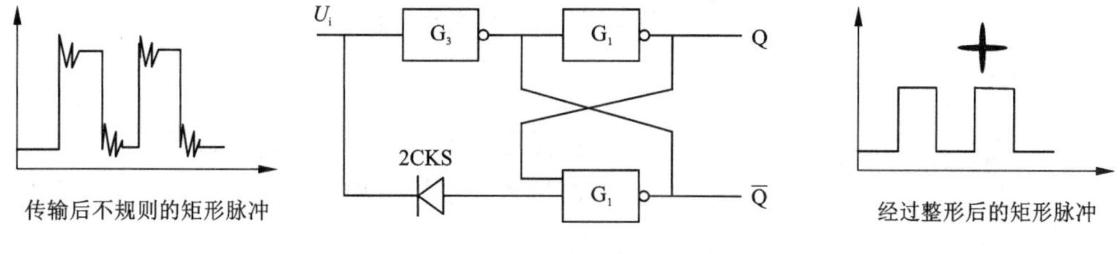

图7.14　门电路组成的整形电路

(3)设计分频器。

分频器——能将高频脉冲变换为低频脉冲，它可由触发器以及计数器来完成。由于一个触发器就是一个二分频器，N个触发器就是2^N个分频器。

如果用计数器作分频器，就要按进制数进行分频。例如十进制计数器就是十分频器，M进制计数器就为M分频器。

若我们从市场上购买到石英晶体振荡器的频率为32768 Hz，要想用该振荡器得到一个频率为1 Hz的秒脉冲信号，就需要用分频器进行分频，分频器的个数为2^N = 32768 Hz，$N = 15$，即有15个分频器。这样就将一个频率为23768 Hz的振荡信号降低为1 Hz的计时信号，这样就满足了计时规律的需求：60秒 = 1分钟，60分 = 1小时，24小时 = 1天。

用JK触发器或计数器作为分频器的方框图如图7.15。

(4)设计计数器。

计数器的设计，以触发器为单元电路，根据进制按有权码或无权码来编码，采用有条件反馈原理来构成。

例如：

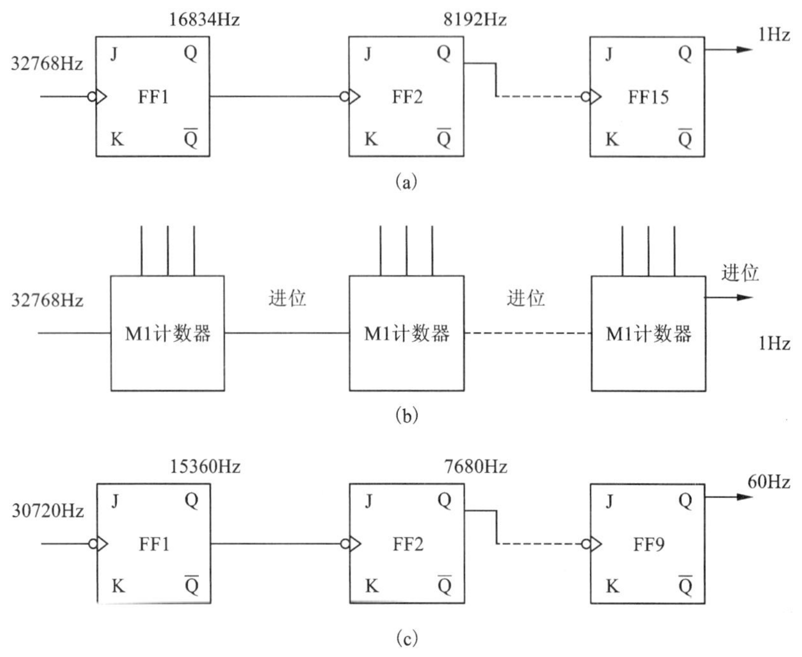

图 7.15　用 JK 触发器或计数器作为分频器的方框图

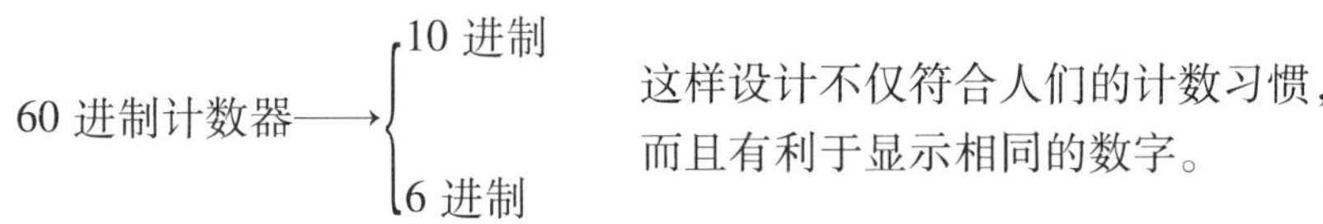

同理也可以设计 24 进制(或 12 进制)的计数器。

注意，当“小时”的十位为2；个位为3 时，只要个位数 “分”有进位时，就应使十位的“小时”的位数归零，因此 24 小时进制计数器要采用有条件反馈的设计。12 进制计数器也同理，但应在归零的同时发出驱动 AM(上午)、PM(下午)标志的信号。同学们可通过查阅有关的资料，自行选择计数器的设计。

按规律，一般设计计数器的方法：

①秒部分：个位选用模 10 计数器；十位选用模 6 计数器

②分部分：个位选用模 10 计数器；十位选用模 6 计数器

③小时部分：模 12 计数器；或模 24 计数器

(5)译码器/驱动器。

在数字系统中常常需要将测量或处理的结果直接显示成十进制数字。为此，首先将以 BCD 码表示的结果送到译码器电路进行译码，用它的输出去驱动显示器件，由于显示器件的工作方式不同，对译码器的要求也就不同，译码器的电路也不同。

数字显示的器件的种类：

荧光管、辉光管、发光二极管、液晶显示屏等，同学们可根据实际工作的用途来选择设计数字显示器。

1)译码器电路(见图 7.16)。

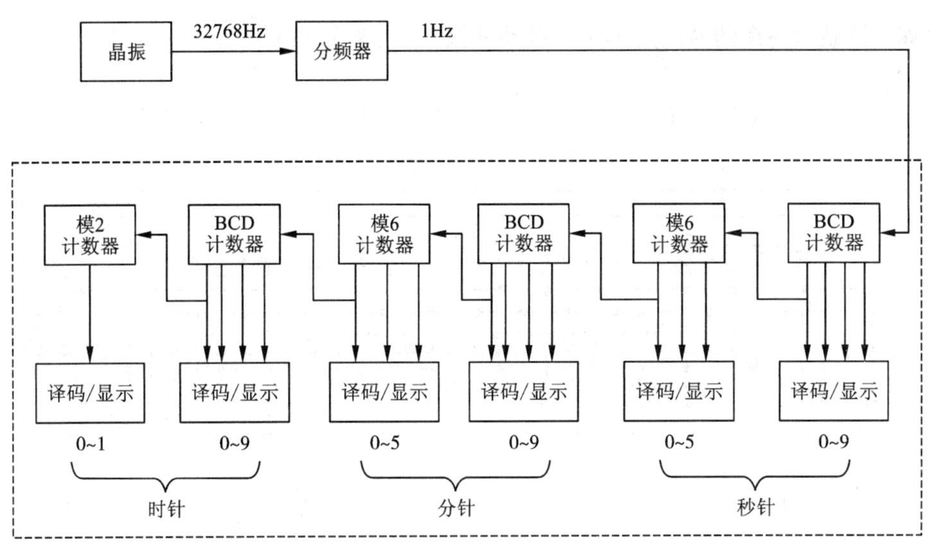

图 7.16　译码显示框图

2)七段发光二极管显示屏(见图 7.17)。

发光二极管的优点是亮度强、清晰、电压低(1.5 V, 3 V),缺点是工作电流大。

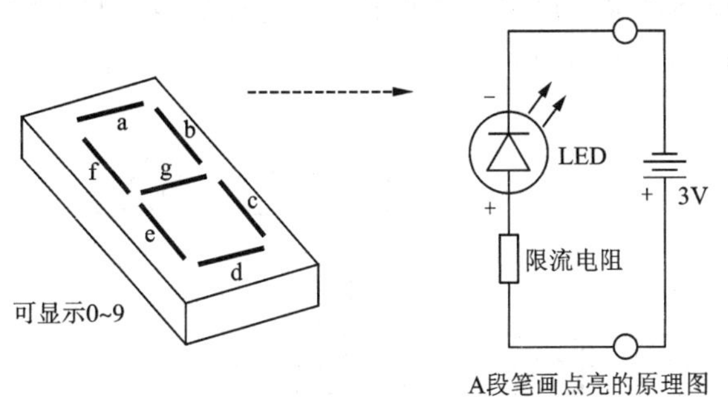

图 7.17　七段 LED 显示器结构图

3)LED 共阳极发光二极管显示器电路(见图 7.18)。

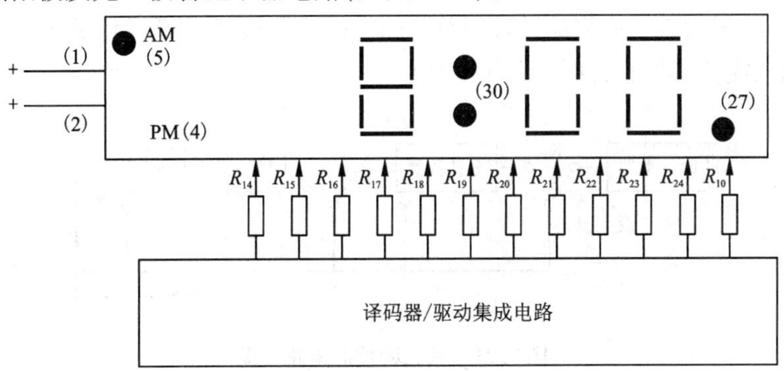

图 7.18　LED 共阳极发光二极管显示器

例如，要显示现在的时间是上午8点整并报时(见图7.19)。

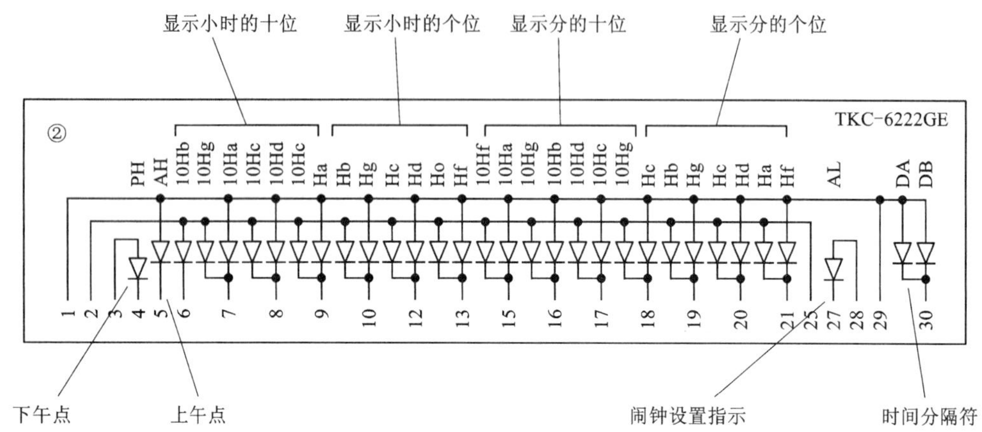

图7.19　显示上午8点整时的状态

(6)设计校时电路。

校时电路是计时器中不可少的一部分，因为当即时间与计时器时间不一致时，就需要校时电路予以校正。校时电路有两种方案，同学们可根据实际需要选择使用。

第一，校时用的脉冲可选用频率较高的不等的几种脉冲，从计数器的总输入端(秒计数器的第一级输入端)送入(见图7.20)。

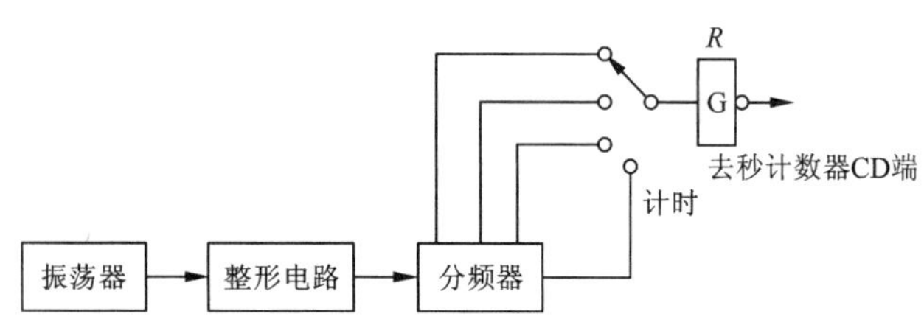

图7.20　第一种校时电路框图

第二，校时用的脉冲，分别将秒脉冲送到"计小时"的计数器的输入端，"计分"的计数器输入端，但校时、校分时，应将原计数回路关闭或断开。校秒时可采用关闭或断开秒计数器的脉冲信号输入端使其停止计时(见图7.21)。

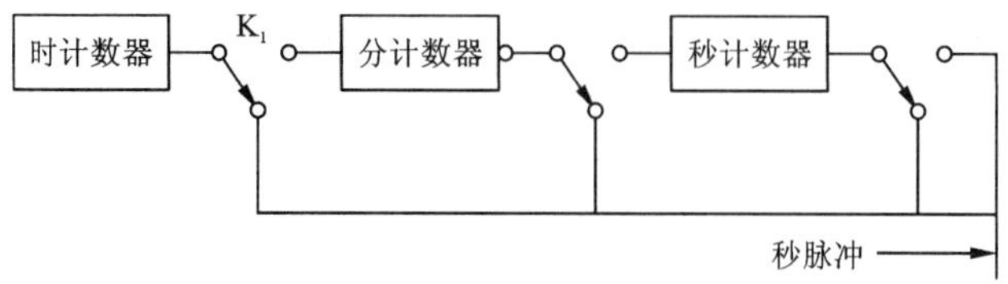

图7.21　第二种校时电路框图

(7)绘制总体电路图。

根据数字计时器要求设计或选定各单元电路按原理的顺序组合起来，组成总电路图，在绘制电路时应注意以下几点：

1)各单元电路的电源、公共地线连接在一起，各电路的电源电压值应按要求接入相应的接线端。

2)各单元的输入，输出脉冲应按要求首尾相接，且应符合匹配关系，如不符合应加导线引出电路。

3)需要控制的信号端，应对应开头元件(含开关电路)。

4)集成电路或其他元件多余的功能端不用时，可不画出来以保持电路总图的简捷和清晰。

5)不得采用大规模集成电路，分频器、计数器、译码驱动器，电路要求选用单元电路。

(8)电子计时器的制作。

当电路选择了2005型石英数字钟，它具有电路简洁、性能好、实用性强等优点，在数字钟的制作中，我们采用了传统的PCMS大规模集成电路为核心，配上LED发光显示屏，用石英晶体作为稳频元件，准确又方便。

1)数字钟专用集成块。

①译码/驱动电路：LLM8361、M8560、LM8569、TMS3450NL、MM5457、MM5459等集成电路因为它在所有型号中静态功耗最低。其管脚见图7.22。

PM. 10Hb	1	22	10Hc, He
H. bg	2	21	空
H. cd	3	20	睡眠输出(直流)
H. af	4	19	60Hz输入
V-	5	18	闹关\\睡眠显示
10M. af	6	17	RC振荡输入
10M. bg	7	16	V+
10M. cd	8	15	调钟-秒置零\\闹显-闹关
10MeMe	9	14	快进-暂停\\慢进
M. bg	10	13	闹钟音频输出
cd	11	12	M. af

图7.22　MM5459引脚功能图

②分频器：可选用CD4541、CD4060等集成电路，同学们可根据实际情况选用。

③反相器：可选用CD4069等集成电路。

2)集成电路的基本功能。

①MM5459：译码/驱动电路为一体的，它是60 Hz时基数、24 h显示的专用集成电路。1－4、6－12、22这些端子是显示笔画输出端，1脚是四个笔画。其余的每个脚输出两个笔画，16脚为正电源，5脚为负电源，20脚为睡眠输出(直流)，13脚为音频信号输出脚，由13脚调整至需要值最大为59 min倒计时。17脚是振荡器RC的输入端，该振荡器信号一是作为外部时基的备用，二是13脚为输出的信号源，19脚为时基信号输入脚。14、15、18脚是操作控制端，若接高电平各有不同的功能。值得注意的是所有的输出端均为低电平有效。

②CD4541：是一个可编程分频器，它为十六级二分频器。脉冲源产生的脉冲信号，一般其频率较高，这样就需要分频把高频脉冲变换成合适的低频脉冲信号，得到50 Hz的脉冲信号。CD4541的功能见图7.23。

③CD4060：它是一个十四级二分频器，它所产生的信号频率为30720 Hz，经九级二分频后，得到一个60 Hz的脉冲信号，其功能见图7.24。

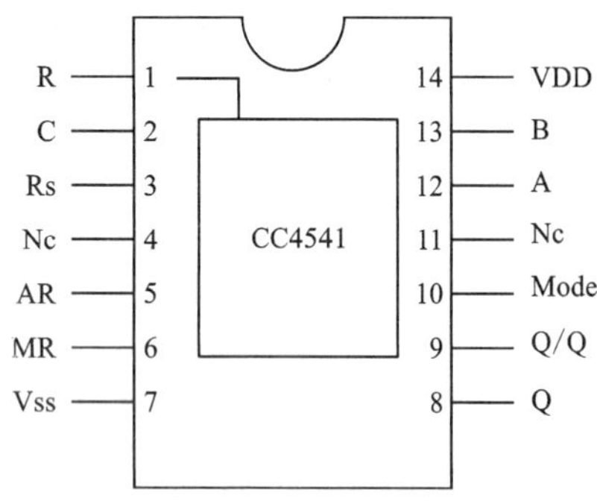

图 7.23　CD4541 可编程分频器引脚功能图

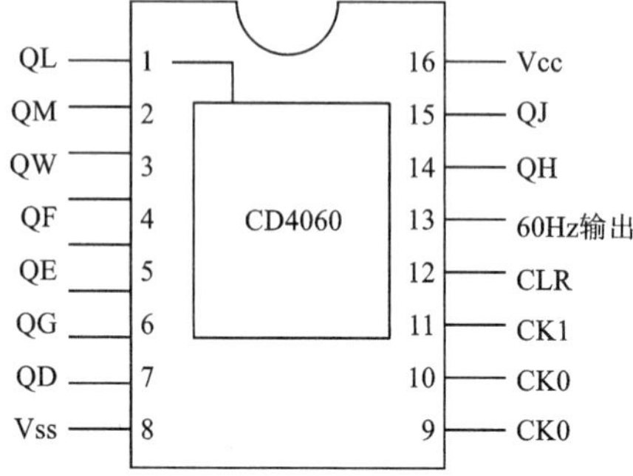

图 7.24　CD4060 十四级二分频器引脚功能图

④CD4069 反相器：F1 ~ F6 六个反相器，通过外接电路去控制各电路的工作状态，其功能见图 7.25。

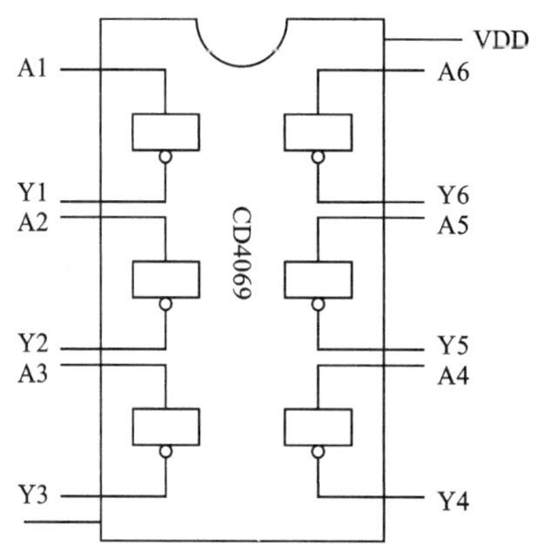

图 7.25　CD4069 反相器引脚功能图

下面我们以一个实际的数字计时器的产品来全面地分析数字计时器的原理：

(1)电路原理(见图 7.26)。

变压器将交流 220 V 电压，变为双 7.5 V 交流低电压，经全波整流后，经 D_4提供显示屏驱动电路，而另一路经滤波后供主电路。由于时钟需要脉冲源，我们选用了 JT，R_1，C_3和 CD4060 内部的两个反相器组成的石英晶体振荡器，目的是为了提高脉冲源的稳定度，而脉冲源产生的波形不是规则的矩形波，因此，需经整形器整形后，送到下一级，由于脉冲信号源的频率较高，经 CD4060 九级分频后变换为低频脉冲信号。由 13 脚得到 60 Hz 的脉冲信号一路送入 MM5459 的 19 脚，另一路去控制由 F_4，Q_2，Q_3组成的显示屏驱动电路。

由于 F_4的倒相作用，使得 Q_2，Q_3和时基信号交替导通，形成间歇点亮显示屏，使它工作在正常的状态。当 60 Hz 的信号从 MM5459 的 19 脚进入后，由于控制电路各部分电路的正常工作，经译码与驱动电路去控制显示屏各个应点亮的端子。F_1，F_2，F_3，R_2，R_8，C_5，K_1组成了一个“电子自锁式开关”，每按一次 K_1，F_2的输出会改变一种状态，一路去控制 MM5459 的 18 脚；另一路去驱动显示屏右下角的发光二极管以指示该功能的工作状态。“亮”表示闹钟

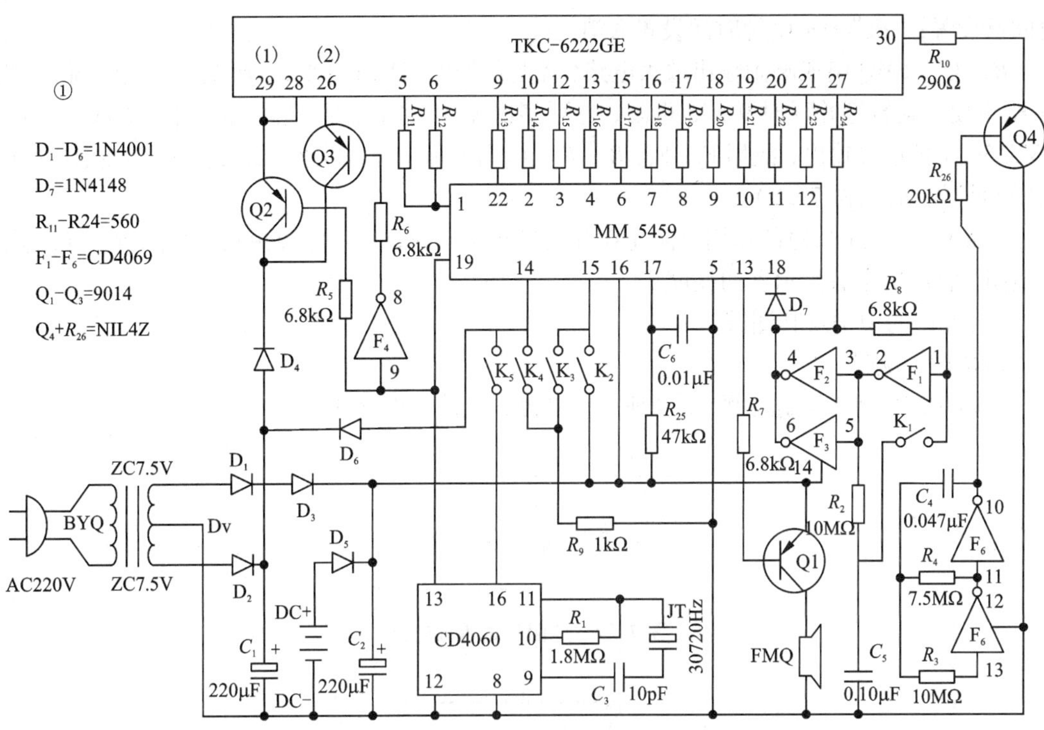

图 7.26　数字计时器的原理图

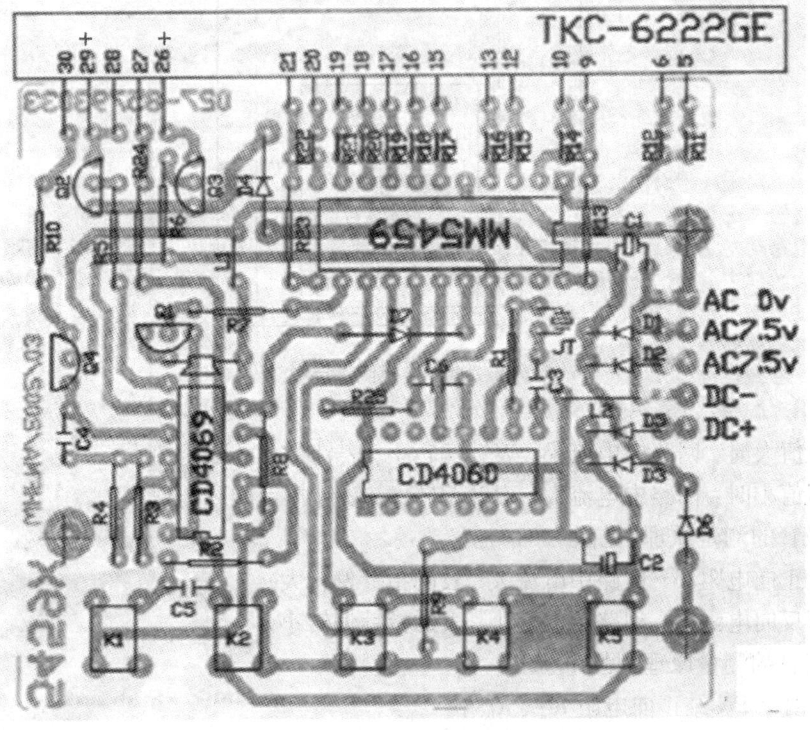

图 7.27　数字钟电路装配图

时间已设置；“灭”表示闹钟时间设置取消。

R_7，Q_1，FMQ 组成响闹输出放大电路，控制信号由 MM5459 的 13 脚输出。当响闹时，按下 K_5 可使响闹暂停并延时 9 min 再闹，还可多次使用报时延时，响闹总时长 59 min。由于 MM5459 无秒信号输出，故用 F_5，F_6，R_3，R_4，C_4 组成秒信号发生器，经 Q_4 去驱动显示屏中间的“冒号”闪动（见图 7.28）。

电路中，R_{10}（1 kΩ）的作用是防止在开关操作工作时，正负电源短路。$R_{10} \sim R_{23}$、R_9 为限流电阻，它们决定着显示器的亮度。

（2）元件的识别及其测试

1）电阻的测试。

电阻测试的等效电路如图 7.29 所示。其测试电路如图 7.30。

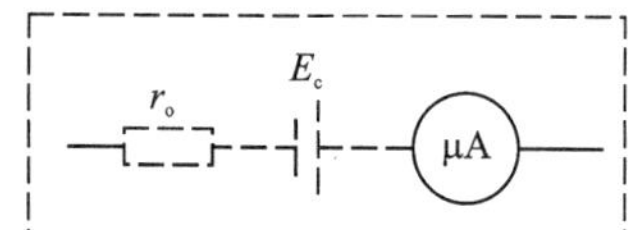

图 7.29　电阻测试等效电路

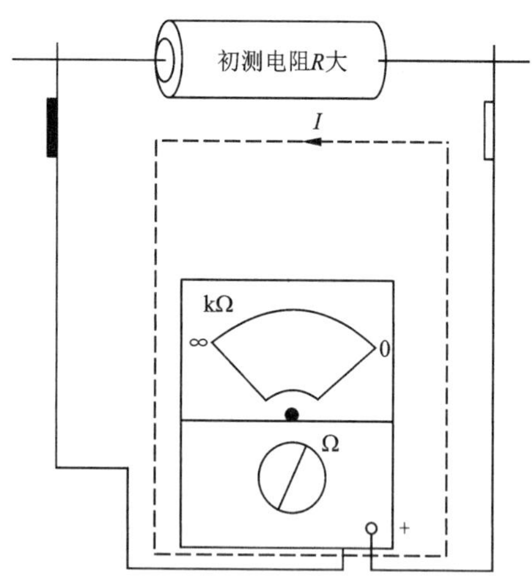

图 7.30　电阻测试电路

当电阻值大时，回路中电流小、表针偏转小，表针指示的欧姆值大。

当电阻值小时，回路中电流大，表针偏转大，表针指示的欧姆值小。

2）二极管的测量原理（见图 7.31）。

二极管正向电阻小，回路中电流大，表的指针偏转大。

二极管反向电阻大，回路中电流小，表的指针偏转小。

3）三极管的测量原理（见图 7.32）。

两小：两个 PN 结正向电阻 R_{bc}、R_{be} 小

两大：两个 PN 结反向电阻 R_{cb}、R_{eb} 大

RCE：要大

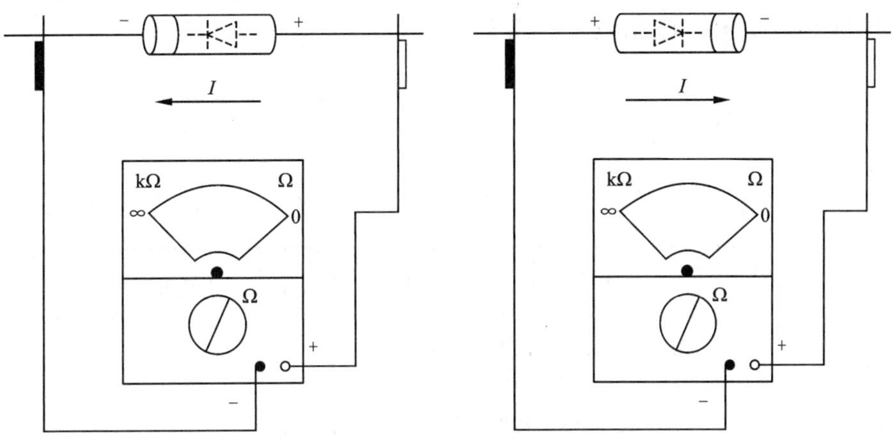

图7.31　二极管测试电路

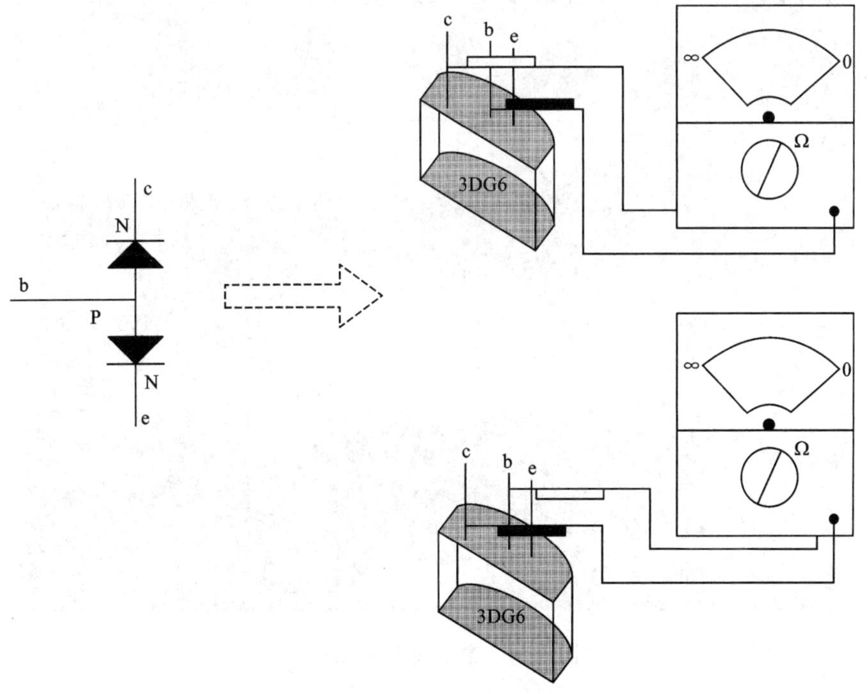

图7.32　三极管测试电路

(3)电路的装配及调试。

①同学们需按电路的原理图，绘制出接线图。

②清理元器件个数。

③用“万用表”测试元器件质量的好坏。

④把元器件按接线图焊接在印制电路板上。

⑤装配完后，按电路原理测试各点的工作电压，以判断其工作是否正常。

4）共阳极 LED 显示屏的测试（见图 7.33）。

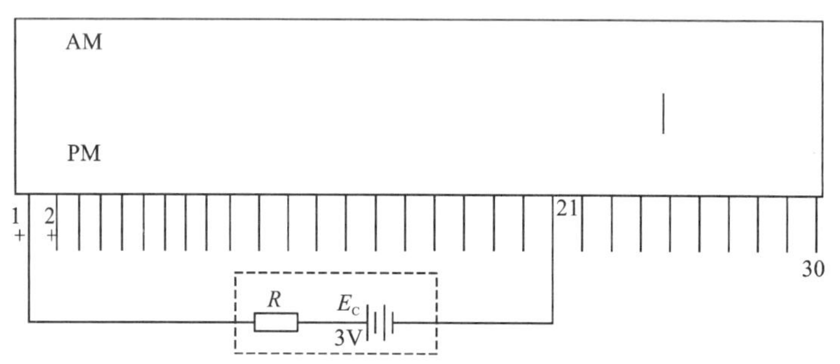

图 7.33　共阳极 LED 显示屏的测试

（3）数字钟电路元件简介（见图 7.34）。

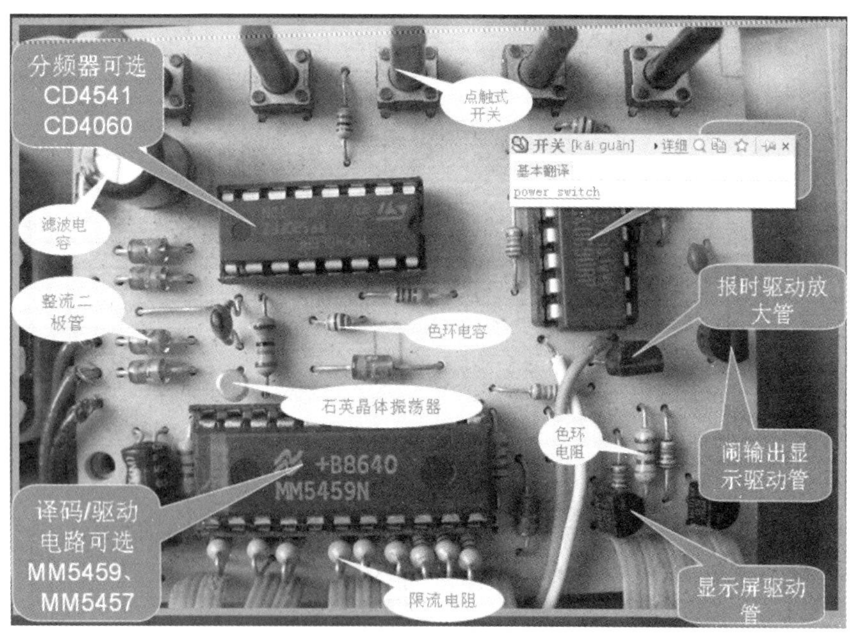

图 7.34　数字钟构成识别图

数字计时器电路中各个开关的功能：

K_1：闹钟时间的设置开关。K_1+K_5快调闹钟时间的设置。K_1+K_4慢调闹钟时间的设置。

K_2：时间的设置开关。K_2+K_5快调时间的设置。K_2+K_4慢调时间的设置。

K_3：闹钟时间显示开关。单击 K_3 可显示事先所设置的报时的时间。

K_4：慢调时间开关。

K_5：快调时间开关/暂停/显示。

（4）数字计时器的制作。

①电路的选择。

②集成电路的基本功能。

③电路原理。

④电路的装配及调试。

⑤故障分析及排除。

⑥总结。

(5)数字计时器的故障分析。

1)显示屏无任何显示。

应首先检查电源，检查步骤如下：

①变压器的次级→整流→滤波→$\begin{cases}\text{振荡器、分频器}\\ \text{Q2、Q3 驱动电路}\end{cases}$

②测试 C_1 两端的电压≈9 V。

③检测 MM5459 各输出脚是否有电压。

④检测显示屏各脚所对应的笔画是否能点亮。

⑤二极管 D_4是否反接。

2)显示屏显示时间缺笔画。

①Q_2或 Q_3中有一个管子没工作。

②MM5459 的某些输出脚无信号输出。

③显示屏内的某些发光二极管损坏。

④振荡电路没有振荡信号(13 脚无振荡信号的输出)。

3)时间分隔号(冒号)不亮。

检查与时间分隔号相关的电路：

①R_{10}、Q_4、C_4、R_4、R_3、F_5、F_6以及相关的连线。

②用万用表的欧姆挡检测显示屏的 29 和 30 脚，观察其电阻值或观察其是否发光。

4)无闹铃输出。

检查与闹时有关的电路：

①检测蜂鸣器，三极管 Q_1、R_7以及相关的连线。

②检测 MM5459，有可能是其内部的局部电路损坏。

总之，在掌握了数字钟的基本原理后，要灵活地运用所学的理论知识，不要局限于固定的模式，可参考上述故障检查指南，一步一步地分析检查电路，直到查到故障所在。

7.4　微机原理实验系统工作方式实验

7.4.1　爱迪克 EAT598 实验系统工作在 88 串口实验方式

(1)用户根据实验要求，进行 MCS－88 单片机实验时，若选配 EAT598－5188 板，则将 EAT598－5188 板正面朝上插到 EAT598 实验机的仿真头和实验 CPU 的四个插座上，板上的两位拨动开关 SB1 打到 88 端。若选配的是 AT598－88 板与 EAT598－88 板，则将 AT598－88 板与 EAT598－88 板用 40 芯连接电缆连接起来。

(2)用实验机配套的串行通信电缆，将9芯电缆的一端与EAT598实验机上的9芯仿真机通信口插座相连，另一端与PC机的串行口相连。

(3)打开电源，在PC机上打开AEDK88软件，运行实验程序，具体操作参见《EAT598_88使用说明》。

7.4.2 EAT598实验系统工作在MCS88方式下开关初始状态

(1)若选配EAT598-5188板。

仿真头插座和实验CPU板插座插EAT598_5188板，板上的两位拨动开关SB1打到88端。

(2)若选配的是AT598-88板与EAT598-88板。

仿真头插座插AT598_88板，实验CPU板插座插EAT598_88板，用40芯联接电缆连接起来。

1)XB34：短路套向上插(SPEAK端)，第17模块处于放音功能。

2)第30模块中：短路套全部套向右边，由8279来控制键盘、显示。

3)SA9：八位DIP开关打到ON。

7.5 IBM PC系列微机的操作

主要介绍汇编语言源程序的编辑、汇编、连接的方法。DEBUG调试命令及其使用方法。

7.5.1 编辑源程序

汇编语言源程序：用汇编语句编写的解决应用问题的程序。

汇编程序：将汇编语言源程序翻译成机器语言程序的系统。

汇编：将汇编语言程序翻译成机器语言程序的过程。

在编辑汇编语言源程序时，对计算机硬件工作环境无特殊要求，对软件工作环境要求也很简单，只需用建立ASCII码文本文件的软件即可。

1. 编辑软件

行编辑软件：EDLIN. COM。

全屏编辑软件：WPS、EDIT. COM、NE. COM、EDITPLUS等。

当输入、建立和修改源程序时，可任选一种编辑软件，不要用格式控制符，要求编辑完成的文件扩展名一定是. ASM。

2. 汇编程序

有汇编程序ASM. EXE、宏汇编MASM. EXE及TASM等，一般使用宏汇编MASM. EXE因为它比ASM. EXE功能强。TASM适用与8086/8088-Pentium系列指令系统所编写的汇编语言程序，是比较先进的汇编工具。

3. 连接程序

用连接程序LINK. EXE或TLINK. EXE，将MASM. EXE产生的机器代码程序(. OBJ)文件连接成可执行程序(. EXE)，TLINK比LINK更先进。

4. 辅助工具程序(.EXE)

进行汇编语言调试和文件格式转换的程序：

DEBUG.COM 动态调试程序

EXE2BIN.EXE 文件格式转换程序

CREF.EXE 交叉引用程序

编辑、汇编、连接、调试过程如图 7.35 所示：

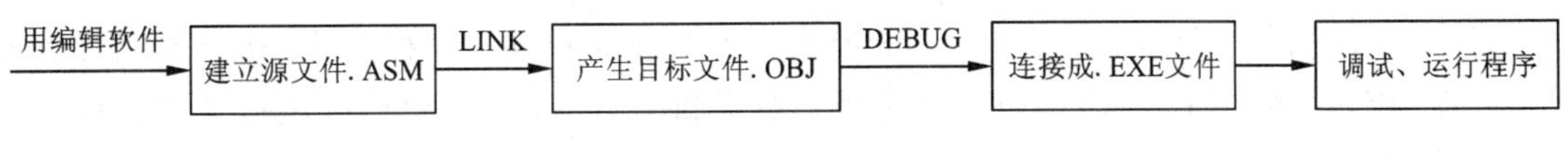

图 7.35　编辑、汇编、连接、调试过程图

TD(turbo debugger)也是动态调试程序，可在 DOS 和 Windows 环境下运行，用户界面十分友好。

7.5.2　编源程序

用编辑软件建立源程序.ASM 文件，必须经过汇编才能产生.OBJ 文件。为此，需键入：

C：>MASM(源文件名)或 C：>MASM

若按前一种格式键入，屏幕上显示：

Microsoft(R)Macro assemble Version5.00

Copyright(C)Microsoft Corp 1981 – 1985，1987ALL rights reserved

OBJ filename[<file>. obj]：

Source listing[nul. lst]：

Cross – reference[nul. crf]：

以上信息中方括号中为该项提示的缺省回答值，冒号后面等待用户输入信息，如不改变缺省值则直接按回车键。

汇编后生成以下几个文件：

(1)OBJ 文件。

OBJ 文件是必须生成的一个目标代码文件，当源程序中无语法错误时，则在当前工作盘上自动存入一个.OBJ 文件，供下一步连接用。如果源程序有语法错误时，会出现错误信息提示：源程序文件行，错误信息代码，错误说明信息。

最后信息提示：

× × Warning errors　(警告错误)

× × Severe errors　(严重警告)

若严重警告总数不为 0，则.OBJ 文件没有生成，需回到编辑状态下修改源程序直到无错误为止。

(2)LST 文件(列表文件)。

LST 文件对调试程序有帮助，它是将源程序中各语句及其对应的目标代码和符号表以清单方式列出，如果需要，在屏幕显示的第二个提问的冒号后输入文件名即可，如果不需要，直接按回车键。

(3).CRF 文件(交叉引用文件)。

.CRF 文件给出了源程序中定义的符号引用情况，按字母顺序排列。.CRF 文件不可显示，须用 CREF.EXE 系统将.CRF 文件转换成为.REF 文件后方可显示输出。

若按后一种格式输入，系统会依次出现四个提示信息，比第一种格式多了一项源程序文件名的输入。应答方式与第一种格式相同。

7.5.3 连接目标程序

汇编后生成的.OBJ 文件，其所有目标代码的地址都是浮动的偏移地址，机器不能直接运行。必须用连接程序(LINK.EXE)对其进行连接装配定位，产生.EXE 可执行文件，方可运行。为此须键入：

C：>LINK <源程序文件名> 或 LINK

屏幕上出现如下提示信息：

Microsoft(R)Macro assemble Version5.00

Copyright(C)Microsoft Corp 1981－1985，1987ALL rights reserved

Run file[<file>.EXE]：

List File[nul.map]：

参考文献

[1] 操长茂，胡小波. 电工电子技术基础实验. 武汉：华中科技大学出版社，2009.
[2] 陈小平，李长杰. 电路实验与仿真设计. 南京：东南大学出版社，2008.
[3] 付扬. 电路与电子技术实验教程. 北京：机械工业出版社，2007.
[4] 顾江，鲁宏. 电子电路基础实验与实践. 南京：东南大学出版社，2008.
[5] 梅开乡，梅军进. 电子电路实验. 北京：北京理工大学出版社，2010.
[6] 沈小丰. 电子线路实验. 北京：清华大学出版社，2007.
[7] 王冠华. Multisim10 电路设计及应用. 北京：国防工业出版社，2008.
[8] 王连英. 基于 Multisim10 的电子仿真实验与设计. 北京：北京邮电大学出版社，2009.
[9] 王振宇，李香萍，沈艳. 实验电子技术. 北京：电子工业出版社，2004.
[10] 吴大正. 电路基础. 西安：西安电子科技大学出版社，2009.
[11] 余佩琼，孙惠英. 电路实验教程. 北京：人民邮电出版社，2009.
[12] 于卫，李志军，谢勇. 模拟电子技术实验及综合实训教程. 武汉：华中科技大学出版社，2008.
[13] 曾治，罗小华. 电子电路实验. 北京：人民邮电出版社，2008.
[14] 张咏梅，陈凌霄. 电子测量与电子电路实验. 北京：北京邮电大学出版社，2002.
[15] 贺令辉. 电工仪表与测量. 北京：中国电力出版社，2006.
[16] 周南星. 电工测量及实验(第 7 版). 北京：中国电力出版社，1998.
[17] 安兵菊. 电子技术基础实验及课程设计. 北京：机械工业出版社，2007.
[18] 王振红，张常年. 电子技术基础实验及综合设计. 北京：机械工业出版社，2007.
[19] 徐学彬，李云胜. 电工技术实验教程. 成都：西南交通大学出版社，2007.
[20] 高建新，雷少刚. 电子技术实验与实训. 北京：机械工业出版社，2006.
[21] 魏绍亮，陈新华. 电子技术实践. 北京：机械工业出版社，2006.
[22] 郑长风，赵建华. 电工技术实验. 西安：西北工业大学出版社，2005.
[23] 元红妍，张鑫. 电子综合设计实验教程. 济南：山东大学出版社，2005.
[24] 赵淑范，王宪伟. 电子技术实验与课程设计. 北京：清华大学出版社，2006.
[25] 潘礼庆. 电路与电子技术实验教程. 北京：科学出版社，2006.
[26] 黄智伟，王彦，陈文光. 全国大学生电子设计竞赛训练教程. 北京：电子工业出版社，2005.
[27] 李光飞，楼然苗，胡佳文. 单片机课程设计实例指导. 北京：北京航空航天大学出版社，2004.
[28] 刘军，赵旭. 电路与电子技术虚拟实验教程 · 模拟篇. 西安：西北工业大学出版社，2006.
[29] 吴新开. 电工电子实践教程. 北京：人民邮电出版社，2002.
[30] 吴新开. 现代数字系统实践教程. 北京：人民邮电出版社，2005.
[31] 吴新开. 电子测试、仿真与制作技术. 长沙：中南大学出版社，2009.